建设行业监理人员培训教材

监理员 通用基础知识

山东省建设监理与咨询协会　组织编写

中国建筑工业出版社

图书在版编目（CIP）数据

监理员通用基础知识 / 山东省建设监理与咨询协会
组织编写 . — 北京：中国建筑工业出版社，2022.8（2024.6 重印）
建设行业监理人员培训教材
ISBN 978-7-112-27692-9

Ⅰ. ①监…　Ⅱ. ①山…　Ⅲ. ①建筑工程 – 施工监理 –
技术培训 – 教材　Ⅳ. ① TU712.2

中国版本图书馆 CIP 数据核字（2022）第 137654 号

责任编辑：赵云波
责任校对：赵　菲

建设行业监理人员培训教材

监理员通用基础知识

山东省建设监理与咨询协会　组织编写

＊

中国建筑工业出版社出版、发行（北京海淀三里河路9号）
各地新华书店、建筑书店经销
北京鸿文瀚海文化传媒有限公司制版
北京君升印刷有限公司印刷

＊

开本：787毫米×1092毫米　1/16　印张：11¾　字数：267千字
2022年8月第一版　2024年6月第五次印刷
定价：42.00元
ISBN 978-7-112-27692-9
（39610）

本书编审委会

主任委员：徐友全

副主任委员：陈　文　王东升

编写成员：张济金　张　雷　屈增涛　徐建胜　刘　雷
　　　　　　赵立银　程煜东　高志强　刘贞刚　赵继强
　　　　　　李　建　王志伟　张振涛　赵民义　石廷波
　　　　　　尹风亮　亓学涛　杨其平　林少杰　王丽萍
　　　　　　张　泽　韩会云

审查委员：李虚进　陈　刚　孙建辉　张传霞

主编单位：山东省建设监理与咨询协会
　　　　　　山东恒信建设监理有限公司

参编单位：山东建筑大学
　　　　　　营特国际工程咨询集团有限公司
　　　　　　山东省建设监理咨询有限公司
　　　　　　济南中建建筑设计院有限公司
　　　　　　山东贝特建筑项目管理咨询有限公司
　　　　　　山东同力建设项目管理有限公司
　　　　　　山东胜利建设监理股份有限公司
　　　　　　山东天柱建设监理咨询有限公司
　　　　　　兆丰工程咨询有限公司
　　　　　　清华青岛艺术与科学创新研究院
　　　　　　青岛华海理工专修学院
　　　　　　山东新世纪工程项目管理咨询有限公司
　　　　　　山东恒信建筑设计有限公司
　　　　　　青岛市黄岛区建筑工程管理服务中心
　　　　　　港投工程咨询有限公司
　　　　　　山东英泰克工程咨询有限公司
　　　　　　潍坊天鹏建设监理有限公司

前 言 ▶▶

　　本书按照《中华人民共和国建筑法》《中华人民共和国安全生产法》《建设工程质量管理条例》《建设工程安全生产管理条例》《建设工程监理规范》GB/T 50319等有关法律法规，结合建设工程监理实践并参考多种建设工程监理基本知识系列文献，根据监理员应知应会的工程监理与相关法规制度、项目监理机构及人员职责、工程质量控制、工程进度控制、工程造价控制、合同管理、组织协调、信息管理等方面的知识内容编写，以便于监理员全面理解和掌握建设工程监理的主要工作内容和工作方法，达到实用性和可操作性的要求。

　　本书可作为全国监理员培训教材和考试主要参考书，也可作为监理单位、建设单位、施工单位等建设管理部门有关人员学习的参考书。限于编者的水平和经验，在编写过程中也难免存在不足，恳请提出宝贵意见，以便今后进一步修订完善。

目 录 ▶▶

第一章 工程监理与相关法规制度

自1988年实施建设工程监理制度以来，我国工程建设管理方式向社会化、专业化方向发展，促进了工程建设管理水平和投资效益的提高。建设工程监理制与项目法人责任制、招标投标制、合同管理制等共同构成了我国工程建设领域的重要管理制度。

第一节 概述 ▶▶

一、建设工程监理含义及性质

1. 建设工程监理含义

建设工程监理是指工程监理单位受建设单位委托，根据法律法规、工程建设标准、勘察设计文件及合同，在施工阶段对建设工程质量、造价、进度进行控制，对合同、信息进行管理，对工程建设相关方关系进行协调，并履行建设工程安全生产管理法定职责的服务活动。

建设单位（业主、项目法人）是工程监理任务的委托方，工程监理单位是监理任务的受托方。工程监理单位在建设单位的委托授权范围内从事专业化服务活动。与国际上一般的工程咨询服务不同，工程监理是一项具有中国特色的工程建设管理制度，目前的工程监理不仅定位于工程施工阶段，而且法律法规将工程质量、安全生产管理方面的责任也赋予工程监理单位。

2. 建设工程监理行业的发展历程

1984年，鲁布革水电站引水系统工程采用世界银行贷款，执行FIDIC合同条件，对当时我国工程建设体制各方面产生了重大影响。我国于1988年开始工程监理工作的试点，1996年在建设领域全面推行工程监理制度。经过三十多年的实践，工程监理在工程建设中发挥了不可替代的重要作用。

（1）试点阶段（1988～1992年）

1988年，建设部发布《关于开展建设监理工作的通知》，提出建立具有中国特色的建设监理制度，开始进行建设监理制试点。1989年建设部发布《建设监理试行规定》，明确建设监理包括政府监理和社会监理两个层面，后者即为当今工程监理的基本要求。

（2）稳步发展阶段（1993～1995年）

1992年，我国为工程监理制定了一系列的规章制度，包括《工程建设监理单位资质管理试行办法》《监理工程师资格考试和注册试行办法》《关于发布建设工程监理费有关规定的通知》等。1995年，建设部、国家工商行政管理局印发了《工程建设监理合同》示范文本，建设部、国家计委颁发了《工程建设监理规定》。

（3）全面推行阶段（1996～2015年）

从1996年开始，在全国全面推行建设工程监理制度。1997年颁布的《中华人民共和国建筑法》第三条规定："国家推行建筑工程监理制度"，我国第一次以法律的形式对工程监理作出规定。2000年发布施行的《建设工程质量管理条例》明确了工程监理单位的质量责任和义务。2004年施行的《建设工程安全生产管理条例》对工程监理承担建设工程安全生产的监理责任作出了规定。2013年《建设工程监理规范》GB/T 50319—2013正式颁布实施。

（4）转型发展阶段（2016年至今）

2016年，中共中央、国务院《关于进一步加强城市规划建设管理工作的若干意见》指出："强化政府对工程建设全过程的质量监管，特别是强化对工程监理的监管。"2017年，《国务院办公厅关于促进建筑业持续健康发展的意见》《住房城乡建设部关于促进工程监理行业转型升级创新发展的意见》等文件陆续出台，推进发展全过程工程咨询服务，显示出国家对工程监理的重视，给监理行业发展注入了新活力、带来了新机遇。

3. 建设工程法律法规体系

建设工程法律法规体系是指《中华人民共和国立法法》的规定制定和公布实施的有关建设工程的各项法律、行政法规、地方性法规、自治条例、单行条例、部门规章和地方政府规章的总称。具体内容见表1-1。

建设工程法律法规体系   表1-1

序号	名称	内容	举例
1	法律	由全国人民代表大会及其常务委员会通过的，规范工程建设活动的法律规范，由国家主席签署国家令予以公布	《中华人民共和国建筑法》《中华人民共和国民法典》《中华人民共和国招标投标法》《中华人民共和国安全生产法》等
2	行政法规	由国务院根据宪法和法律规定制定的规范工程建设活动的各项法规，由总理签署国务院令予以公布	《中华人民共和国招标投标法实施条例》《建设工程质量管理条例》《建设工程安全生产管理条例》《中华人民共和国增值税暂行条例》《工伤保险条例》等
3	地方法规	指法定的地方国家权力机关依照法定的权限，在不同宪法、法律和行政法规相抵触的前提下，制定和颁布的在本行政区域范围内实施的规范性文件	《山东省房屋建筑和市政工程质量监督管理办法》《上海市建设项目工程总承包管理办法》《上海市房屋使用安全管理办法》等
4	部门规章	建设工程部门规章是指由国务院建设行政主管部门制定并以部长令的形式发布的，或由国务院建设行政主管部门与国务院其他有关部门联合制定并发布的有关工程建设方面的各项规章	《建筑业企业资质管理规定》《必须招标的工程项目规定》《危险性较大的分部分项工程安全管理规定》《建筑工程施工许可管理办法》等
5	规范性文件	是各级机关、团体、组织制发的各类文件中最主要的一类，因其内容具有约束和规范人们行为的性质，故称为规范性文件	《建设工程监理范围和规模标准规定》《注册监理工程师管理规定》等

4. 建设工程监理实施依据

建设工程监理实施依据包括法律法规、工程建设标准、勘察设计文件及合同。

（1）法律法规

法律法规包括：《中华人民共和国建筑法》（以下简称《建筑法》）、《中华人民共和国民法典第三编合同》（以下简称《〈民法典〉第三编合同》）、《中华人民共和国招标投标法》（2017修正）（以下简称《招标投标法》）、《中华人民共和国安全生产法》（以下简称《安全生产法》）、《建设工程质量管理条例》《建设工程安全生产管理条例》《中华人民共和国招标投标法实施条例》（以下简称《招标投标法实施条例》）等法律法规以及地方性法规等。

（2）工程建设标准

工程建设标准包括：有关工程技术标准、规范、规程及《建设工程监理规范》等。

（3）勘察设计文件及合同

勘察设计文件及合同包括：批准的初步设计文件、施工图设计文件，建设工程监理合同以及与所监理工程相关的施工合同、材料设备采购合同等。

5. 建设工程监理实施范围

建设工程监理定位于工程施工阶段，工程监理单位受建设单位委托，按照建设工程监理合同约定，在工程勘察、设计、保修等阶段提供的服务活动均为相关服务。工程监理单位可以拓展自身的经营范围，为建设单位提供投资决策综合性咨询、工程建设全过程咨询服务。

6. 建设工程监理基本职责

建设工程监理是一项具有中国特色的工程建设管理制度。工程监理单位的基本职责是在建设单位委托授权范围内，通过合同管理和信息管理，以及协调工程建设相关方关系，控制建设工程质量、造价和进度三大目标，即"三控两管一协调"。此外，还需履行建设工程安全生产管理的法定职责，这是《建设工程安全生产管理条例》赋予工程监理单位的社会责任。

7. 建设工程监理性质

建设工程监理性质可概括为服务性、科学性、独立性和公平性四个方面。

二、建设工程监理的法律地位和责任

1. 明确了强制实施监理的工程范围

《建筑法》第三十条规定："国家推行建筑工程监理制度。国务院可以规定实行强制监理的建筑工程的范围。"《建设工程质量管理条例》第十二条规定：五类工程必须实行监理，即①国家重点建设工程；②大中型公用事业工程；③成片开发建设的住宅小区工程；④利用外国政府或者国际组织贷款、援助资金的工程；⑤国家规定必须实行监理的其他工程。《建设工程监理范围和规模标准规定》（建设部令第86号）又进一步细化了必须实行监理的工程范围和规模标准。

2018年9月28日，在《住房城乡建设部关于修改〈建筑工程施工许可管理办法〉的决定》（2018〔42号〕）中，删去第四条第一款第七项（按照规定应当委托监理的工程已委托监理）的内容。此后，北京、上海、厦门、成都等地先后出台"中小工程不再强制监理的要求"等相关内容的文件，体现了工程监理行业的变革趋势。

2. 明确了建设单位委托工程监理单位的职责

《建筑法》第三十一条规定："实行监理的建筑工程，由建设单位委托具有相应资质条件的工程监理单位监理。建设单位与其委托的工程监理单位应当订立书面委托监理合同。"

《建设工程质量管理条例》第十二条也规定："实行监理的建设工程，建设单位应委托具有相应资质等级的工程监理单位进行监理，也可以委托具有工程监理相应资质等级并与被监理工程的施工承包单位没有隶属关系或者其他利害关系的该工程的设计单位进行监理。"

3. 明确了工程监理单位的职责

《建筑法》第三十四条规定："工程监理单位应当在其资质等级许可的监理范围内，承担工程监理业务。"《建设工程质量管理条例》第三十七条规定："工程监理单位应当选派具备相应资格的总监理工程师和监理工程师进驻施工现场。""未经监理工程师签字，建筑材料、建筑构配件和设备不得在工程上使用或者安装，施工单位不得进行下一道工序的施工。未经总监理工程师签字，建设单位不拨付工程款，不进行竣工验收。"

《建设工程安全生产管理条例》第十四条规定："工程监理单位应当审查施工组织设计中的安全技术措施或者专项施工方案是否符合工程建设标准。""工程监理单位在实施监理过程中，发现存在安全事故隐患的，应当要求施工单位整改；情况严重的，应当要求施工单位暂时停止施工，并及时报告建设单位。施工单位拒不整改或者不停止施工的，工程监理单位应当及时向有关主管部门报告。"

4. 明确了工程监理人员的职责

《建筑法》第三十二条规定："工程监理人员认为工程施工不符合工程设计要求、施工技术标准和合同约定的，有权要求建筑施工企业改正。""工程监理人员发现工程设计不符合建筑工程质量标准或者合同约定的质量要求的，应当报告建设单位要求设计单位改正。"

《建设工程质量管理条例》第三十八条规定："监理工程师应当按照工程监理规范的要求，采取旁站、巡视和平行检验等形式，对建设工程实施监理。"

第二节　建设工程监理相关制度 ▶▶

按照我国的有关规定，工程建设应实行项目法人责任制、工程监理制、招标投标制和合同管理制，这四项制度相互关联、相互支持，共同构成了我国工程建设管理的基本制度。

一、工程监理制

工程监理制是监理单位受项目法人委托，依据法律、行政法规及有关的技术标准、设计文件和建筑工程合同，对承包单位在施工质量、建设工期和建设资金等方面，代表建设单位实施监督。

1. 建设工程监理是针对工程项目建设所实施的监督管理活动

建设工程监理主要是针对建设项目的要求开展的，行为主体是工程监理企业。现阶段建设工程监理主要发生在建设项目建设的实施阶段（施工阶段），工作内容是"三控二管一协调一履责"。

2. 建设工程监理实施的前提是建设单位的委托和授权

通过建设单位委托和授权方式来实施建设工程监理是建设工程监理与政府对建设工程所进行的行政性监督管理的重要区别。该方式决定了建设单位与监理单位之间的关系是委托与被委托的关系、授权与被授权的关系，而决定它们的是合同关系。

3. 建设工程监理是微观性质的监督管理活动

建设工程监理是针对一个具体的工程项目开展工作。项目建设单位委托监理的目的就是期望监理企业能够协助其实现投资目的，它是紧紧围绕着工程项目建设的各项投资活动和生产活动所进行的监督管理。

二、项目法人责任制

项目法人制即项目法人责任制。项目法人责任制是指经营性建设项目由项目法人对项目的策划、资金筹措、建设实施、生产经营、偿还债务和资产的保值增值实行全过程负责的一种项目管理制度。其核心内容是明确由项目法人承担投资风险，项目法人要对工程项目的建设及建成后的生产经营实行整体管理和全面负责。

1. 项目法人的设立

新建项目在项目建议书被批准后，应由项目的投资方派代表组成项目法人筹备组，具体负责项目法人的筹建工作。有关单位在申报项目可行性研究报告时，须同时提出项目法人的组建方案，否则，其可行性研究报告将不予审批。在项目可行性研究报告被批准后，应正式成立项目法人。按有关规定确保资本金按时到位，并及时办理公司设立登记。项目公司可以是有限责任公司（包括国有独资公司），也可以是股份有限公司。由原有企业负责建设的大中型基建项目，需新设立子公司的，要重新设立项目法人；只设分公司或分厂的，原企业法人即是项目法人，原企业法人应向分公司或分厂派遣专职管理人员，并实行专项考核。项目公司应对项目董事会和项目总经理的职权予以明确。

2. 项目法人责任制与工程监理制的关系

（1）项目法人责任制是实行工程监理制的必要条件

项目法人责任制的核心是要落实"谁投资，谁决策，谁承担风险"的基本原则。

（2）工程监理制是实行项目法人责任制的基本保障

实行工程监理制，项目法人可以依据自身需求和有关规定委托工程监理单位依据合同，对建设工程质量、造价、进度目标进行有效控制，从而为工程建设项目完成计划目标提供基本保障。

三、招标投标制

1. 必须招标的工程建设项目

为了保护国家利益、社会公共利益，提高经济效益，保证工程项目质量，《招标投标法》规定，在中华人民共和国境内进行下列工程建设项目的勘察、设计、施工、监理以及与工程建设有关的重要设备材料等的采购，必须进行招标：

（1）大型基础设施、公用事业等关系社会公共利益、公众安全的项目；

（2）全部或者部分使用国有资金投资或者国家融资的项目；

（3）使用国际组织或者外国政府贷款、援助资金的项目。

此外，国家发展改革委员会相关文件明确了必须招标的工程范围，并对工程范围进行了细化。

2. 招标投标制与工程监理制的关系

（1）招标投标制是实行工程监理制的重要保证

对于法律法规规定必须招标的监理项目，建设单位需要按规定采用招标方式选择工程监理单位。通过工程监理招标，有利于建设单位优选高水平工程监理单位，确保工程监理工作质量。

（2）工程监理制是落实招标投标制的重要手段

实行工程监理制，建设单位可以通过委托工程监理单位做好招标工作，更好地优选施工单位和材料设备供应单位。

四、合同管理制

《〈民法典〉第三编合同》明确了合同的订立、效力、履行、变更与转让、终止、违约责任等有关内容以及包括建设工程合同、委托合同在内的19类合同，为实行合同管理制提供了重要法律依据。

1. 建设单位的主要合同关系

为实现工程项目总目标，建设单位可通过签订合同将工程项目有关活动委托给相应的专业承包单位或专业服务机构，相应的合同有：工程承包（总承包、施工承包）合同、工程勘察合同、工程设计合同、材料设备采购合同、工程咨询（可行性研究、技术咨询、造价咨询）合同、工程监理合同、工程项目管理服务合同、工程保险合同、贷款合同等。

2. 合同管理制与工程监理制的关系

（1）合同管理制是实行工程监理制的重要保证

建设单位委托监理时，需要与工程监理单位建立合同关系，明确双方的义务和责任。工程监理单位实施监理时，需要通过合同管理控制工程质量、造价和进度目标。合同管理制的实施，为工程监理单位开展合同管理工作提供法律和制度支持。

（2）工程监理制是落实合同管理制的重要保障

实行工程监理制，建设单位可以通过委托工程监理单位做好合同管理工作，更好地实现建设工程项目目标。

第三节　工程建设程序及组织实施模式 ▶▶

工程建设程序是建设投资决策和实施过程客观规律的反映，是建设工程科学决策和顺利实施的重要保证，工程监理必须遵循工程建设程序。全过程工程咨询和工程总承包是我国目前着力推行的工程建设组织实施模式，监理人员需要适应新的模式，履行好建设工程监理职责。

一、工程建设程序

工程建设程序是指建设工程从策划、决策、设计、施工，到竣工验收、投入生产或交付使用的整个建设过程中，各项工作必须遵循的先后顺序。按照工程建设内在规律，每一项建设工程都要经过投资决策和建设实施两个发展时期。这两个发展时期又可分为若干阶段，各阶段之间存在着严格的先后次序，可以进行合理交叉，但不能任意颠倒次序。

（一）投资决策阶段工作内容

建设工程投资决策阶段工作内容主要包括项目建议书和可行性研究报告的编报和审批。

1. 编报项目建议书

项目建议书是拟建项目单位向政府投资主管部门提出的要求建设某一工程项目的建议文件，是对工程项目建设的轮廓设想。项目建议书的主要作用是推荐一个拟建项目，论述其建设的必要性、建设条件的可行性和获利的可能性，供政府投资主管部门选择并确定是否进行下一步工作。

2. 编报可行性研究报告

可行性研究是指在工程项目决策之前，通过调查、研究、分析建设工程在技术、经济等方面的条件和情况，对可能的多种方案进行比较论证，同时对工程建成后的综合效益进行预测和评价的一种投资决策分析活动。凡经可行性研究未通过的项目，不得进行下一步工作。

3. 投资决策管理制度

根据《国务院关于投资体制改革的决定》（国发〔2004〕20号），政府投资工程实行审批制；非政府投资工程实行核准制或登记备案制。

（1）政府投资工程

对于采用直接投资和资本金注入方式的政府投资工程，政府需要从投资决策的角度审批项目建议书和可行性研究报告，除特殊情况外，不再审批开工报告，同时还要严格审批其初步设计和概算；对于采用投资补助、转贷和贷款贴息方式的政府投资工程，则只审批资金申请报告。

（2）非政府投资工程

对于企业不使用政府资金投资建设的工程，政府不再进行投资决策性质的审批，区别不同情况实行核准制或登记备案制。

（二）建设实施阶段工作内容

建设工程实施阶段的工作内容主要包括勘察设计、建设准备、施工安装及竣工验收。对于生产性工程项目，在施工安装后期，还需要进行生产准备工作。

1. 勘察设计

（1）工程勘察

工程勘察通过对地形、地质及水文等要素的测绘、勘探、测试及综合评定，提供工程建设所需的基础资料。工程勘察需要对工程建设场地进行详细论证，保证建设工程合理进行，促使建设工程取得最佳的经济效益、社会效益和环境效益。

（2）工程设计

工程设计工作一般划分为两个阶段，即初步设计和施工图设计。重大工程和技术复杂工程，可根据需要增加技术设计阶段。

1）初步设计。初步设计是根据可行性研究报告的要求进行具体实施方案设计，目的是阐明在指定的地点、时间和投资控制数额内，拟建项目在技术上的可行性和经济上的合理性，并通过对建设工程作出的基本技术经济规定，编制工程总概算。

2）技术设计。技术设计应根据初步设计和更详细的调查研究资料编制，以进一步解决初步设计中的重大技术问题，如：工艺流程、建筑结构、设备选型及数量确定等，使工程设计更具体、更完善，技术指标更好。

3）施工图设计。根据初步设计或技术设计的要求，结合工程现场实际情况，完整地表现建筑物外形、内部空间分割、结构体系、构造状况以及建筑群的组成和周围环境的配合。施工图设计还包括各种运输、通信、管道系统、建筑设备的设计。在工艺方面，应具体确定各种设备的型号、规格及各种非标准设备的制造加工图。

2. 建设准备

（1）建设准备的工作内容

工程项目在开工建设之前要切实做好各项准备工作，其主要内容包括：

1）征地、拆迁和场地平整；

2）完成施工用水、电、通信、道路等接通工作；

3）组织招标选择工程监理单位、施工单位及设备、材料供应商；

4）准备必要的施工图纸；

5）办理工程质量监督和施工许可手续。

（2）工程质量监督手续的办理

建设单位在办理施工许可证之前应当到规定的工程质量监督机构办理工程质量监督注

册手续。办理质量监督注册手续时需提供下列资料：

1）施工图设计文件审查报告和批准书；

2）中标通知书和施工、监理合同；

3）建设单位、施工单位和监理单位工程项目的负责人和机构组成；

4）施工组织设计和监理规划；

5）其他需要的文件资料。

（3）施工许可证的办理

从事各类房屋建筑及其附属设施的建造、装修装饰和与其配套的线路、管道、设备的安装，以及城镇市政基础设施工程的施工，建设单位在开工前应当向工程所在地县级以上人民政府建设主管部门申请领取施工许可证。必须申请领取施工许可证的建筑工程未取得施工许可证的，一律不得开工。

3. 施工安装

建设工程具备开工条件并取得施工许可后才能开始土建工程施工和机电设备安装。施工安装活动应按照工程设计要求、施工合同及施工组织设计，在保证工程质量、工期、成本及安全、环保等目标的前提下进行。

4. 生产准备

对于生产性工程项目而言，生产准备是工程项目投产前由建设单位进行的一项重要工作。生产准备是衔接建设和生产的桥梁，是工程项目建设转入生产经营的必要条件。建设单位应适时组成专门机构做好生产准备工作，确保工程项目建成后能及时投产。

5. 竣工验收

建设工程按设计文件的规定内容和标准全部完成，并按规定将施工现场清理完毕后，达到竣工验收条件时，建设单位即可组织工程竣工验收。工程勘察、设计、施工、监理等单位应参加工程竣工验收。

工程竣工验收是投资成果转入生产或使用的标志，也是全面考核工程建设成果、检验设计和施工质量的关键步骤。工程竣工验收合格后，建设工程方可投入使用。建设工程自竣工验收合格之日起即进入工程质量保修期（缺陷责任期）。建设工程自办理竣工验收手续后，发现存在工程质量缺陷的，应及时修复，费用由责任方承担。

二、工程建设组织实施模式

工程建设可采用不同的组织实施模式。2017年2月，《国务院办公厅关于促进建筑业持续健康发展的意见》（国办发〔2017〕19号）指出要"完善工程建设组织模式"，包括培育全过程工程咨询和加快推行工程总承包。

（一）全过程工程咨询

《国务院办公厅关于促进建筑业持续健康发展的意见》（国办发〔2017〕19号）首次提

出要"培育全过程工程咨询"。这一要求在工程建设领域引起极大反响，也成为工程监理企业转型升级的重要发展方向。

1. 全过程工程咨询的含义

全过程工程咨询，是指工程咨询方综合运用多学科知识、工程实践经验、现代科学技术和经济管理方法，采用多种服务方式组合，为委托方在项目投资决策、建设实施阶段提供阶段性或整体解决方案的智力性服务活动。

根据《国家发展改革委　住房城乡建设部关于推进全过程工程咨询服务发展的指导意见》（发改投资规〔2019〕515号），全过程工程咨询服务内容包括投资决策综合性咨询和工程建设全过程咨询。

（1）投资决策综合性咨询。是指综合性工程咨询单位接受投资者委托，就投资项目的市场、技术、经济、生态环境、能源、资源、安全等影响可行性的要素，结合国家、地区、行业发展规划及相关重大专项建设规划、产业政策、技术标准及相关审批要求进行分析研究和论证，为投资者提供决策依据和建议，其目的是减少分散专项评价评估，避免可行性研究论证碎片化。

（2）工程建设全过程咨询。是指由一家具有相应资质条件的咨询企业或多家具有相应资质条件的咨询企业组成联合体，为建设单位提供招标代理、勘察、设计、监理、造价、项目管理等全过程咨询服务，满足建设单位一体化服务需求，增强工程建设过程的协同性。全过程工程咨询企业可以为委托方提供项目决策策划、项目建议书和可行性研究报告编制、项目实施总体策划、项目管理、报批报建管理、勘察及设计管理、规划及设计优化、工程监理、招标代理、造价咨询、后评价和配合审计等咨询服务，也可包括规划和设计等活动。

2. 全过程工程咨询的特点

与传统"碎片化"咨询相比，全过程工程咨询具有以下三大特点：

（1）咨询服务范围广。全过程工程咨询服务覆盖面广，主要体现在两个方面：一是从服务阶段看，全过程工程咨询覆盖项目投资决策、建设实施（设计、招标、施工）全过程集成化服务，有时还会包括运营维护阶段咨询服务；二是从服务内容看，全过程工程咨询包含技术咨询和管理咨询，而不只是侧重于管理咨询。

（2）强调智力性策划。全过程工程咨询单位要运用工程技术、经济学、管理学、法学等多学科知识和经验，为委托方提供智力服务。为此，需要全过程工程咨询单位拥有一批高水平复合型人才，需要具备策划决策能力、组织领导能力、集成管控能力、专业技术能力、协调解决能力等。

（3）实施多阶段集成。全过程工程咨询服务不是将各个阶段简单相加，而是要通过多阶段集成化咨询服务，为委托方创造价值。全过程工程咨询要避免工程项目要素分阶段独立运作而出现漏洞和制约，要综合考虑项目质量安全、环保、投资、工期等目标以及合同管理、资源管理、信息管理、技术管理、风险管理、沟通管理等要素之间的相互制约和影响关系，从技术经济角度实现综合集成。

（二）工程总承包

1. 工程总承包的含义

在我国，工程总承包是指承包单位按照与建设单位签订的合同，对工程设计、采购、施工或者设计、施工等阶段实行总承包，并对工程的质量、安全、工期和造价等全面负责的工程建设组织实施方式。事实上，这里所说的设计、采购、施工（Engineering-Procurement-Construction，EPC）承包或者设计、施工（Design-Build，DB）承包，只是工程总承包的两种主要代表性模式，工程总承包还有多种不同模式。此外，近年来国际上还出现了EPC+O&M（Engineering - Procurement-Construction+Operation & Maintenance）、DBO（Design Build Operation）等模式。

2. 工程总承包模式的特点

（1）有利于缩短建设工期。采用工程总承包模式，工程设计、采购及施工任务均由总承包单位负责，可使工程设计、采购与施工之间的衔接得到极大改善。有些施工和采购准备工作可与设计工作同时进行或搭接进行，从而缩短建设工期。

（2）便于较早确定工程造价。采用工程总承包模式，建设单位与总承包单位之间通常签订总价合同。总承包单位负责工程总体控制，有利于减少工程设计变更，有利于将工程造价控制在预算范围内，可降低建设单位工程造价失控风险。

（3）有利于控制工程质量。在工程总承包模式下，总承包单位通常会将部分专业工程分包给其他承包单位。由于总承包单位与分包单位之间通过分包合同建立了责、权、利关系，这样就会在承包单位内部增加工程质量监控环节，工程质量既有分包单位的自控，又有总承包单位的监督管理。

（4）工程项目责任主体单一。由总承包单位负责工程设计和施工，可减少工程实施中的争议和索赔发生。工程设计与施工责任主体合一，能够激励总承包单位更加注重提高工程项目整体质量和效益。

（5）可减轻建设单位合同管理负担。采用工程总承包模式，与建设单位直接签订合同的参建方减少，合同结构简单，可大量减少建设单位协调工作量，合同管理工作量也大大减少。但由于工程总承包单位的选择范围小，同时因工程总承包的责任重、风险大，为应对工程实施风险，总承包单位通常会提高报价，最终导致工程总承包合同价会较高。

3. 工程总承包模式适用条件

对于建设内容明确、技术方案成熟的工程，建设单位能给予投标人充足的资料和时间以便投标人能够仔细研究"业主要求"。

建设单位或其代表有权监督总承包单位工作，但不能过分干预总承包单位工作，也不要审批大多数施工图纸。既然合同规定由总承包单位负责全部设计，并承担全部责任，只要其设计和所完成的工程符合合同约定，就应认为总承包单位已履行合同义务。

由于采用总价合同，因而工程的期中支付款应由建设单位直接按合同约定支付，可按月支付，也可按阶段（形象进度或里程碑事件）支付，但不需要先由监理工程师审查工程量和总承包单位结算报告，再签发工程款支付证书。

第四节　建设工程监理相关法律法规及标准 ▶▶▶

建设工程监理相关法律、行政法规是建设工程监理的法律依据。此外，有关工程监理的部门规章和规范性文件，以及地方性法规、地方政府规章及规范性文件，行业标准、地方标准和团体标准等，也是建设工程监理的法律依据和工作指南。

一、相关法律

建设工程法律是指由全国人民代表大会及其常务委员会通过的规范工程建设活动的法律规范，以国家主席令形式予以公布。与建设工程监理密切相关的法律有《建筑法》《招标投标法》《〈民法典〉第三编合同》《安全生产法》等。

（一）《建筑法》主要内容

第一条　为了加强对建筑活动的监督管理，维护建筑市场秩序，保证建筑工程的质量和安全，促进建筑业健康发展，制定本法。

第二条　在中华人民共和国境内从事建筑活动，实施对建筑活动的监督管理，应当遵守本法。本法所称建筑活动，是指各类房屋建筑及其附属设施的建造和与其配套的线路、管道、设备的安装活动。

第三条　建筑活动应当确保建筑工程质量和安全，符合国家的建筑工程安全标准。

第四条　国家扶持建筑业的发展，支持建筑科学技术研究，提高房屋建筑设计水平，鼓励节约能源和保护环境，提倡采用先进技术、先进设备、先进工艺、新型建筑材料和现代管理方式。

第五条　从事建筑活动应当遵守法律、法规，不得损害社会公共利益和他人的合法权益。任何单位和个人都不得妨碍和阻挠依法进行的建筑活动。

第六条　国务院建设行政主管部门对全国的建筑活动实施统一监督管理。

第三十条　国家推行建筑工程监理制度。国务院可以规定实行强制监理的建筑工程的范围。

第三十一条　实行监理的建筑工程，由建设单位委托具有相应资质条件的工程监理单位监理。建设单位与其委托的工程监理单位应当订立书面委托监理合同。

第三十二条　建筑工程监理应当依照法律、行政法规及有关的技术标准、设计文件和建筑工程承包合同，对承包单位在施工质量、建设工期和建设资金使用等方面，代表建设单位实施监督。工程监理人员认为工程施工不符合工程设计要求、施工技术标准和合同约定的，有权要求建筑施工企业改正。工程监理人员发现工程设计不符合建筑工程质量标准或者合同约定的质量要求的，应当报告建设单位要求设计单位改正。

第三十三条　实施建筑工程监理前，建设单位应当将委托的工程监理单位、监理的内容及监理权限，书面通知被监理的建筑施工企业。

第三十四条　工程监理单位应当在其资质等级许可的监理范围内，承担工程监理业务。工程监理单位应当根据建设单位的委托，客观、公正地执行监理任务。工程监理单位与被监理工程的承包单位以及建筑材料、建筑构配件和设备供应单位不得有隶属关系或者其他利害关系。工程监理单位不得转让工程监理业务。

第三十五条　工程监理单位不按照委托监理合同的约定履行监理义务，对应当监督检查的项目不检查或者不按照规定检查，给建设单位造成损失的，应当承担相应的赔偿责任。工程监理单位与承包单位串通，为承包单位谋取非法利益，给建设单位造成损失的，应当与承包单位承担连带赔偿责任。

（二）《安全生产法》主要内容

第一条　为了加强安全生产工作，防止和减少生产安全事故，保障人民群众生命和财产安全，促进经济社会持续健康发展，制定本法。

第二条　在中华人民共和国领域内从事生产经营活动的单位（以下统称生产经营单位）的安全生产及其监督管理，适用本法；有关法律、行政法规对消防安全和道路交通安全、铁路交通安全、水上交通安全、民用航空安全以及核与辐射安全、特种设备安全另有规定的，适用其规定。

第三条　安全生产工作坚持中国共产党的领导。

安全生产工作应当以人为本，坚持人民至上、生命至上，把保护人民生命安全摆在首位，树牢安全发展理念，坚持安全第一、预防为主、综合治理的方针，从源头上防范化解重大安全风险。

安全生产工作实行管行业必须管安全、管业务必须管安全、管生产经营必须管安全，强化和落实生产经营单位主体责任与政府监管责任，建立生产经营单位负责、职工参与、政府监管、行业自律和社会监督的机制。

第四条　生产经营单位必须遵守本法和其他有关安全生产的法律、法规，加强安全生产管理，建立健全全员安全生产责任制和安全生产规章制度，加大对安全生产资金、物资、技术、人员的投入保障力度，改善安全生产条件，加强安全生产标准化、信息化建设，构建安全风险分级管控和隐患排查治理双重预防机制，健全风险防范化解机制，提高安全生产水平，确保安全生产。

平台经济等新兴行业、领域的生产经营单位应当根据本行业、领域的特点，建立健全并落实全员安全生产责任制，加强从业人员安全生产教育和培训，履行本法和其他法律、法规规定的有关安全生产义务。

第五条　生产经营单位的主要负责人是本单位安全生产第一责任人，对本单位的安全生产工作全面负责。其他负责人对职责范围内的安全生产工作负责。

第六条 生产经营单位的从业人员有依法获得安全生产保障的权利,并应当依法履行安全生产方面的义务。

第七条 工会依法对安全生产工作进行监督。生产经营单位的工会依法组织职工参加本单位安全生产工作的民主管理和民主监督,维护职工在安全生产方面的合法权益。生产经营单位制定或者修改有关安全生产的规章制度,应当听取工会的意见。

第八条 国务院和县级以上地方各级人民政府应当根据国民经济和社会发展规划制定安全生产规划,并组织实施。安全生产规划应当与国土空间规划等相关规划相衔接。

各级人民政府应当加强安全生产基础设施建设和安全生产监管能力建设,所需经费列入本级预算。

县级以上地方各级人民政府应当组织有关部门建立完善安全风险评估与论证机制,按照安全风险管控要求,进行产业规划和空间布局,并对位置相邻、行业相近、业态相似的生产经营单位实施重大安全风险联防联控。

第九条 国务院和县级以上地方各级人民政府应当加强对安全生产工作的领导,建立健全安全生产工作协调机制,支持、督促各有关部门依法履行安全生产监督管理职责,及时协调、解决安全生产监督管理中存在的重大问题。

乡镇人民政府和街道办事处,以及开发区、工业园区、港区、风景区等应当明确负责安全生产监督管理的有关工作机构及其职责,加强安全生产监管力量建设,按照职责对本行政区域或者管理区域内生产经营单位安全生产状况进行监督检查,协助人民政府有关部门或者按照授权依法履行安全生产监督管理职责。

第十条 国务院应急管理部门依照本法,对全国安全生产工作实施综合监督管理;县级以上地方各级人民政府应急管理部门依照本法,对本行政区域内安全生产工作实施综合监督管理。

国务院交通运输、住房和城乡建设、水利、民航等有关部门依照本法和其他有关法律、行政法规的规定,在各自的职责范围内对有关行业、领域的安全生产工作实施监督管理;县级以上地方各级人民政府有关部门依照本法和其他有关法律、法规的规定,在各自的职责范围内对有关行业、领域的安全生产工作实施监督管理。对新兴行业、领域的安全生产监督管理职责不明确的,由县级以上地方各级人民政府按照业务相近的原则确定监督管理部门。

应急管理部门和对有关行业、领域的安全生产工作实施监督管理的部门,统称负有安全生产监督管理职责的部门。负有安全生产监督管理职责的部门应当相互配合、齐抓共管、信息共享、资源共用,依法加强安全生产监督管理工作。

第十一条 国务院有关部门应当按照保障安全生产的要求,依法及时制定有关的国家标准或者行业标准,并根据科技进步和经济发展适时修订。

生产经营单位必须执行依法制定的保障安全生产的国家标准或者行业标准。

第十二条 国务院有关部门按照职责分工负责安全生产强制性国家标准的项目提出、组织起草、征求意见、技术审查。国务院应急管理部门统筹提出安全生产强制性国家标准的立项计划。国务院标准化行政主管部门负责安全生产强制性国家标准的立项、编号、对外通报和授权批准发布工作。国务院标准化行政主管部门、有关部门依据法定职责对安全生产强制性国家标准的实施进行监督检查。

第十三条　各级人民政府及其有关部门应当采取多种形式，加强对有关安全生产的法律、法规和安全生产知识的宣传，增强全社会的安全生产意识。

第十四条　有关协会组织依照法律、行政法规和章程，为生产经营单位提供安全生产方面的信息、培训等服务，发挥自律作用，促进生产经营单位加强安全生产管理。

第十五条　依法设立的为安全生产提供技术、管理服务的机构，依照法律、行政法规和执业准则，接受生产经营单位的委托为其安全生产工作提供技术、管理服务。

生产经营单位委托前款规定的机构提供安全生产技术、管理服务的，保证安全生产的责任仍由本单位负责。

二、行政法规

建设工程行政法规是指由国务院通过的规范工程建设活动的法律规范，以国务院令形式予以公布。与建设工程监理密切相关的行政法规有《建设工程质量管理条例》《建设工程安全生产管理条例》《生产安全事故报告和调查处理条例》《招标投标法实施条例》等。

（一）《建设工程质量管理条例》相关内容

1. 建设单位的质量责任和义务

（1）工程发包

建设单位应当将工程发包给具有相应资质等级的单位。建设单位不得将建设工程肢解发包。

（2）施工图设计文件审查

施工图设计文件未经审查批准的，不得使用。

（3）委托工程监理

实行监理的建设工程，建设单位应当委托监理。具体规定详见本书第一章第二节。

（4）工程施工阶段责任和义务

建设单位在领取施工许可证或者开工报告前，应当按照国家有关规定办理工程质量监督手续。

按照合同约定，由建设单位采购建筑材料、建筑构配件和设备的，建设单位应当保证建筑材料、建筑构配件和设备符合设计文件和合同要求。建设单位不得明示或者暗示施工单位使用不合格的建筑材料、建筑构配件和设备。

涉及建筑主体和承重结构变动的装修工程，建设单位应当在施工前委托原设计单位或者具有相应资质等级的设计单位提出设计方案；没有设计方案的，不得施工。房屋建筑使用者在装修过程中，不得擅自变动房屋建筑主体和承重结构。

（5）组织工程竣工验收

建设单位收到建设工程竣工报告后，应当组织勘察、设计、施工、工程监理等有关单位进行竣工验收。建设工程经验收合格的，方可交付使用。

2. 勘察、设计单位的质量责任和义务

勘察、设计单位必须按照工程建设标准进行勘察、设计，并对其勘察、设计的质量负责。勘察单位提供的地质、测量、水文等勘察成果必须真实、准确。设计单位应当根据勘察成果文件进行建设工程设计。设计文件应当符合国家规定的设计深度要求，注明工程合理使用年限。注册建筑师、注册结构工程师等注册执业人员应当在设计文件上签字，对设计文件负责。设计单位还应当就审查合格的施工图设计文件向施工单位作出详细说明。

设计单位还应当参与建设工程质量事故分析，并对因设计造成的质量事故，提出相应的技术处理方案。

3. 施工单位的质量责任和义务

施工单位对建设工程的施工质量负责。施工单位应当建立质量责任制，确定工程项目的项目经理、技术负责人和施工管理负责人。施工单位还应当建立、健全教育培训制度，加强对职工的教育培训；未经教育培训或者考核不合格的人员，不得上岗作业。

总承包单位依法将建设工程分包给其他单位的，分包单位应当按照分包合同的约定对其分包工程的质量向总承包单位负责，总承包单位与分包单位对分包工程的质量承担连带责任。

施工单位必须按照工程设计图纸和施工技术标准施工，不得擅自修改工程设计，不得偷工减料。施工单位在施工过程中发现设计文件和图纸有差错的，应当及时提出意见和建议。

施工单位必须按照工程设计要求、施工技术标准和合同约定，对建筑材料、建筑构配件、设备和商品混凝土进行检验，检验应当有书面记录和专人签字；未经检验或者检验不合格的，不得使用。

4. 工程监理单位的质量责任和义务

（1）建设工程监理业务承揽

工程监理单位应当依法取得相应等级的资质证书，并在其资质等级许可的范围内承担工程监理业务。禁止工程监理单位超越本单位资质等级许可的范围或者以其他工程监理单位的名义承担建设工程监理业务；禁止工程监理单位允许其他单位或者个人以本单位的名义承担建设工程监理业务。工程监理单位不得转让建设工程监理业务。

工程监理单位与被监理工程的施工承包单位以及建筑材料、建筑构配件和设备供应单位有隶属关系或者其他利害关系的，不得承担该项建设工程的监理业务。

（2）建设工程监理实施

工程监理单位应当依照法律、法规以及有关技术标准、设计文件和建设工程承包合同，代表建设单位对施工质量实施监理，并对施工质量承担监理责任。

监理工程师应当按照建设工程监理规范的要求，采取旁站、巡视和平行检验等形式，对建设工程实施监理。

工程监理单位的质量责任和义务的其他内容详见第一章。

（二）《建设工程安全生产管理条例》相关内容

1. 建设单位的安全责任

（1）提供必要的施工资料。

（2）禁止行为。建设单位不得对勘察、设计、施工、工程监理等单位提出不符合建设工程安全生产法律、法规和强制性标准规定的要求，不得压缩合同约定的工期；不得明示或者暗示施工单位购买、租赁、使用不符合安全施工要求的安全防护用具、机械设备、施工机具及配件、消防设施和器材。

（3）安全施工措施及其费用。建设单位在编制工程概算时，应当确定建设工程安全作业环境及安全施工措施所需费用；在申请领取施工许可证时，应当提供建设工程有关安全施工措施的资料。

（4）拆除工程发包与备案。建设单位应当将拆除工程发包给具有相应资质等级的施工单位，并在拆除工程施工15日前，将有关资料报送建设工程所在地的县级以上地方人民政府建设行政主管部门或者其他有关部门备案。

2. 勘察、设计、工程监理及其他有关单位的安全责任

（1）勘察单位的安全责任。勘察单位应当按照法律、法规和工程建设标准进行勘察，提供的勘察文件应当真实、准确，满足建设工程安全生产的需要。勘察单位在勘察作业时，应当严格执行操作规程，采取措施保证各类管线、设施和周边建筑物、构筑物的安全。

（2）设计单位的安全责任。设计单位应当按照法律、法规和工程建设标准进行设计，防止因设计不合理导致生产安全事故的发生。

（3）工程监理单位的安全责任。工程监理单位和监理工程师应当按照法律、法规和工程建设标准实施监理，并对建设工程安全生产承担监理责任。工程监理单位的具体职责详见第一章。

（4）机械设备配件供应单位的安全责任。为建设工程提供机械设备和配件的单位，应当按照安全施工的要求配备齐全有效的保险、限位等安全设施和装置。出租的机械设备和施工机具及配件，应当具有生产（制造）许可证、产品合格证。出租单位应当对出租的机械设备和施工机具及配件的安全性能进行检测，在签订租赁协议时，应当出具检测合格证明。禁止出租检测不合格的机械设备和施工机具及配件。

（5）施工机械设施安装单位的安全责任。在施工现场安装、拆卸施工起重机械和整体提升脚手架、模板等自升式架设设施，必须由具有相应资质的单位承担。安装、拆卸上述机械和设施，应当编制拆装方案、制定安全施工措施，并由专业技术人员现场监督。安装完毕后，安装单位应当自检，出具自检合格证明，并向施工单位进行安全使用说明，办理验收手续并签字。

3. 施工单位的安全责任

（1）安全生产责任制度。施工单位主要负责人依法对本单位的安全生产工作全面负责。施工单位应当建立健全安全生产责任制度，制定安全生产规章制度和操作规程，保证本单位安全生产条件所需资金的投入，对所承担的建设工程进行定期和专项安全检查，并做好安全检查记录。

（2）安全生产管理费用。施工单位对列入建设工程概算的安全作业环境及安全施工措施所需费用，应当用于施工安全防护用具及设施的采购和更新、安全施工措施的落实、安全生产条件的改善，不得挪作他用。

（3）施工现场安全生产管理。施工单位应当设立安全生产管理机构，配备专职安全生产管理人员。建设工程施工前，施工单位负责项目管理的技术人员应当对有关安全施工的技术要求向施工作业班组、作业人员作出详细说明，并由双方签字确认。

（4）安全生产教育培训。施工单位应当建立健全安全生产教育培训制度，应当对管理人员和作业人员每年至少进行一次安全生产教育培训，其教育培训情况记入个人工作档案。安全生产教育培训考核不合格的人员，不得上岗。

作业人员进入新的岗位或者新的施工现场前，应当接受安全生产教育培训。未经教育培训或者教育培训考核不合格的人员，不得上岗作业。施工单位在采用新技术、新工艺、新设备、新材料时，应当对作业人员进行相应的安全生产教育培训。

垂直运输机械作业人员、安装拆卸工、爆破作业人员、起重信号工、登高架设作业人员等特种作业人员，必须按照国家有关规定经过专门的安全作业培训，并取得特种作业操作资格证书后，方可上岗作业。

（5）安全技术措施和专项施工方案。施工单位应当在施工组织设计中编制安全技术措施和施工现场临时用电方案，对达到一定规模的危险性较大的分部分项工程编制专项施工方案，并附具安全验算结果，经施工单位技术负责人、总监理工程师签字后实施，由专职安全生产管理人员进行现场监督。上述工程中涉及深基坑、地下暗挖工程、高大模板工程的专项施工方案，施工单位还应当组织专家进行论证、审查。

此外，施工单位还应该作好施工现场安全防护、施工现场卫生、环境与消防安全管理、施工机具设备安全管理等工作，应当为施工现场从事危险作业的人员办理意外伤害保险，意外伤害保险费由施工单位支付。

（三）《生产安全事故报告和调查处理条例》相关内容

1. 生产安全事故等级

根据生产安全事故造成的人员伤亡或者直接经济损失，生产安全事故分为四个等级。

2. 事故报告

（1）事故报告程序。事故发生后，事故现场有关人员应当立即向本单位负责人报告；单位负责人接到报告后，应当于1小时内向事故发生地县级以上人民政府安全生产监督管理部门和负有安全生产监督管理职责的有关部门报告。

情况紧急时，事故现场有关人员可以直接向事故发生地县级以上人民政府安全生产监督管理部门和负有安全生产监督管理职责的有关部门报告。

（2）事故报告内容。事故报告应当包括下列内容：

1）事故发生单位概况；

2）事故发生的时间、地点以及事故现场情况；

3）事故的简要经过；

4）事故已经造成或者可能造成的伤亡人数（包括下落不明的人数）和初步估计的直接经济损失；

5）已经采取的措施；

6）其他应当报告的情况。

（3）事故报告后的处置。事故发生单位负责人接到事故报告后，应当立即启动事故相应应急预案，或者采取有效措施，组织抢救，防止事故扩大，减少人员伤亡和财产损失。

3. 事故调查处理

特别重大生产安全事故由国务院或者国务院授权有关部门组织事故调查组进行调查。重大事故、较大事故、一般事故分别由事故发生地省级人民政府、设区的市级人民政府、县级人民政府负责调查。

三、建设工程监理规范

《建设工程监理规范》GB/T 50319（以下简称《监理规范》）是建设工程监理与相关服务的主要标准，共分9章和3个附录，主要技术内容包括：总则，术语，项目监理机构及其设施，监理规划及监理实施细则，工程质量、造价、进度控制及安全生产管理的监理工作，工程变更、索赔及施工合同争议处理，监理文件资料管理，设备采购与设备监造，相关服务等。

1. 项目监理机构

《监理规范》明确了项目监理机构的人员构成和职责，规定了监理设施的提供和管理。项目监理机构的监理人员应由总监理工程师、专业监理工程师和监理员组成，且专业配套、数量应满足建设工程监理工作需要，必要时可设总监理工程师代表。

2. 工程质量、造价、进度控制及安全生产管理的监理工作

《监理规范》规定："项目监理机构应根据建设工程监理合同约定，遵循动态控制原理，坚持预防为主的原则，制定和实施相应的监理措施，采用旁站、巡视和平行检验等方式对建设工程实施监理。"

（1）工程质量控制

1）质量事前控制：审查施工单位现场的质量管理组织机构、管理制度及专职管理人员和特种作业人员的资格；审查施工单位报审的施工方案；

2）质量事中控制：审查施工单位报送的新材料、新工艺、新技术、新设备的质量认证材料和相关验收标准的适用性。检查、复核施工单位报送的施工控制测量成果及保护措

19

施；查验施工单位在施工过程中报送的施工测量放线成果；检查施工单位为工程提供服务的试验室；审查施工单位报送的用于工程的材料、构配件、设备的质量证明文件；对用于工程的材料进行见证取样、平行检验；审查施工单位定期提交影响工程质量的计量设备的检查和检定报告；对关键部位、关键工序进行旁站；对工程施工质量进行巡视；对施工质量进行平行检验；验收施工单位报验的隐蔽工程、检验批、分项工程和分部工程；处置施工质量问题、质量缺陷、质量事故；

3）质量事后控制：审查施工单位提交的单位工程竣工验收报审表及竣工资料，组织工程竣工预验收；编写工程质量评估报告；参加工程竣工验收等。

（2）工程造价控制

进行工程计量和付款签证；对实际完成量与计划完成量进行比较分析；审核竣工结算款，签发竣工结算款支付证书等。

（3）工程进度控制

审查施工单位报审的施工总进度计划和阶段性施工进度计划；检查施工进度计划的实施情况；比较分析工程施工实际进度与计划进度，预测实际进度对工程总工期的影响等。

（4）安全生产管理的监理工作

审查施工单位现场安全生产规章制度的建立和实施情况；审查施工单位安全生产许可证及施工单位项目经理、专职安全生产管理人员和特种作业人员的资格；核查施工机械和设施的安全许可验收手续；审查施工单位报审的专项施工方案；处置安全事故隐患等。

3. 监理文件资料管理

《监理规范》规定，项目监理机构应建立完善监理文件资料管理制度，宜设专人管理监理文件资料。项目监理机构应及时、准确、完整地收集、整理、编制、传递监理文件资料，并宜采用信息技术进行监理文件资料管理。其中，监理文件资料包括18项监理文件资料，并规定了监理日志、监理月报、监理工作总结应包括的内容。

第二章 工程监理单位与项目监理机构

第一节 工程监理单位 ▶▶

工程监理单位是依法成立并取得建设主管部门颁发的工程监理企业资质证书,从事建设工程监理与相关服务活动的服务机构。工程监理单位受建设单位委托,根据法律法规、工程建设标准、勘察设计文件及合同,在施工阶段对建设工程质量、造价、进度进行控制,对合同、信息进行管理,对工程建设相关方的关系进行协调,并履行建设工程安全生产管理法定职责的服务活动。

按照住房和城乡建设部《工程监理企业资质管理规定》,工程监理企业资质分为综合资质、专业资质。综合资质不分类别与等级。专业资质按照工程性质和技术特点划分为若干资质类别。各资质类别按照规定的条件分为甲级、乙级两个等级。

综合资质可承担所有专业工程类别建设工程项目的工程监理业务;专业甲级资质可承担相应专业工程类别建设工程项目的工程监理业务;专业乙级资质可承担相应专业工程类别二级以下(含二级)建设工程项目的工程监理业务。各工程监理企业资质相应许可的业务范围见表2-1。

专业工程类别和等级表　　　　　　　　　　　　　　　　　　　表2-1

序号	工程类别		一级	二级
一	房屋建筑工程	一般公共建筑	28层以上;36m跨度以上(轻钢结构除外);单项工程建筑面积3万m²以上	14～28层;24～36m跨度(轻钢结构除外);单项工程建筑面积1万～3万m²
		高耸构筑工程	高度120m以上	高度70～120m
		住宅工程	小区建筑面积12万m²以上;单项工程28层以上	建筑面积6万～12万m²;单项工程14～28层
二	市政工程	城市道路工程	城市快速路、主干路,城市互通式立交桥及单孔跨径100m以上桥梁;长度1000m以上的隧道工程	城市次干路工程,城市分离式立交桥及单孔跨径100m以下的桥梁;长度1000m以下的隧道工程

续表

序号	工程类别		一级	二级
二	市政工程	给水排水工程	10万t/d以上的给水厂；5万t/d以上污水处理工程；3 m³/s以上的给水、污水站；5 m³/s以上的雨泵站；直径2.5m以上的给水排水管道	2万～10万t/d的给水厂；1万～5万t/d污水处理工程；1～3 m³/s的给水、污水泵站；5～15 m³/s的雨泵站；直径1～2.5m的给水管道；直径1.5～2.5m的排水管道
		燃气热力工程	总储存容积1000 m³以上液化气贮罐场（站）；供气规模15万 m³/d以上的燃气工程；中压以上的燃气管道、调压站；供热面积150万 m²以上的热力工程	总储存容积1000 m³以下的液化气贮罐场（站）；供气规模15万 m³/d以下的燃气工程；中压以下的燃气管道、调压站；供热面积50万～150万 m²的热力工程
		垃圾处理工程	1200t/d以上的垃圾焚烧和填埋工程	500～1200t/d的垃圾焚烧及填埋工程
		地铁轻轨工程	各类地铁轻轨工程	
		风景园林工程	总投资3000万元以上	总投资1000万～3000万元

注：以上含本数，以下不含本数。

第二节 项目监理机构 ▶▶

一、项目监理机构概述

1. 项目监理机构的概念

项目监理机构是工程监理单位派驻工程负责履行建设工程监理合同的组织机构。总监理工程师领导由工程监理单位法定代表人任命，负责项目监理机构全面工作，派驻工程建设项目实施现场并执行项目监理任务，接受企业职能部门的业务指导、监督与核查。

2. 项目监理机构的特点

项目监理机构组建应根据建设工程监理合同约定的服务内容、服务期限，以及工程特点、规模、技术复杂程度、环境等因素确定。项目监理机构是一次性的，在完成委托监理合同约定的监理工作后即行解体。建设项目监理工作实行总监理工程师负责制。

二、项目监理机构的组织形式

项目监理机构的组成形式分为直线制监理组织形式、职能制监理组织形式、直线职能制监理组织形式和矩阵制监理组织形式。

（一）直线制监理组织形式

该组织形式的特点是项目监理机构中任何一个下级只接受唯一上级的命令。各级部门主管人员对所属部门的问题负责，项目监理机构中不再另设投资控制、进度控制、质量控制及合同管理等职能部门。总监理工程师负责整个工程的规划、组织和指导，并负责整个工程范围内各方面的指挥、协调工作；子项目监理组分别负责子项目的目标控制，具体领导现场专业或专项监理组的工作。按子项目分解的直线制监理组织形式如图2-1所示。

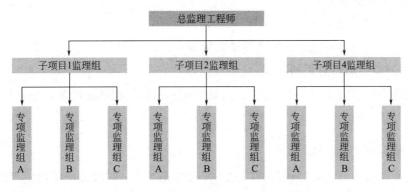

图 2-1　按子项目分解的直线制监理组织形式

如果业主委托监理单位对建设工程实施阶段全过程监理，项目监理机构的部门还可按不同的建设阶段分解设立直线制监理组织形式，如图2-2所示。

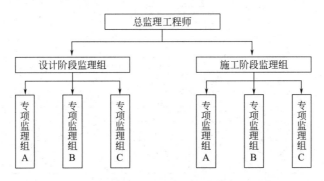

图 2-2　按建设阶段分解的直线制监理组织形式

对于小型建设工程，监理单位也可以采用按专业内容分解的直线制监理组织形式，如图2-3所示。

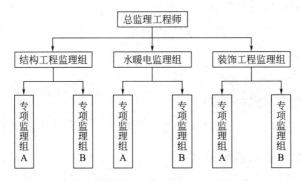

图 2-3　按专业内容分解的直线制监理组织形式

1. **直线制监理组织形式的适用范围**

该形式适用于能划分为若干相对独立的子项目的大、中型建设工程。

2. **直线制监理组织形式的优点**

（1）组织机构简单；

（2）权力集中，命令统一；

（3）职责分明，决策迅速，隶属关系明确。

3. **直线制监理组织形式的缺点**

实行没有职能部门的"个人管理"，这就要求总监理工程师通晓各种业务与知识技能，成为"全能"式人物。

（二）职能制监理组织形式

职能制监理组织形式是把管理部门和人员分为两类：一类是以子项目监理组织为对象的直线指挥部门和人员；另一类是以投资控制、进度控制、质量控制及合同管理为对象的职能部门和人员。项目监理机构内的职能部门按总监理工程师授予的权力和监理职责有权对指挥部门发布指令。职能制监理组织形式，如图2-4所示。

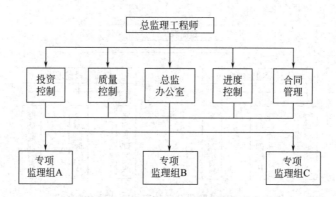

图 2-4　职能制监理组织形式

1. **职能制监理组织形式的适用范围**

职能制监理组织形式一般适用于大、中型建设工程。

2. **职能制监理组织形式的优点**

（1）能够加强项目监理目标控制的职能化分工；

（2）可以发挥职能机构的专业管理作用，提高管理效率；

（3）减轻总监理工程师的负担。

3. **职能制监理组织形式的缺点**

下级人员受多头指挥，如果上级指令相互矛盾，将使下级在监理工作中无所适从。

（三）直线职能制监理组织形式

直线职能制监理组织形式，是在直线制和职能制的基础上构建的。与职能制不同，它收回了职能部门的直接指挥权，而把它变成参谋部，直接对主管领导负责，这种组织形式既有总监理工程师对子项目监理组的直线制领导，又有专业部门对总监理工程师的参谋和对子项目监理组的指导等职能制管理。职能部门只能对指挥部门进行业务指导，而不能对指挥部门直接进行指挥和发布命令。直线职能制监理组织形式，如图2-5所示。

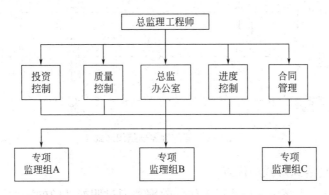

图 2-5　直线职能制监理组织形式

1. 直线职能制监理组织形式的适用范围

该组织形式一般适用于大、中型建设工程。

2. 直线职能制监理组织形式的优点

其既保持了直线制监理组织形式实行直线领导、统一指挥、职责分明的优点，又保持了职能制监理组织形式目标管理专业化的优点。

3. 直线职能制监理组织形式的缺点

（1）职能部门与指挥部门易产生矛盾；

（2）信息传递路线长；

（3）不利于互通信息。

（四）矩阵制监理组织形式

矩阵制监理组织形式是由横向职能部门系统和纵向子项目组织系统组成的矩阵性组织结构。从系统论的角度而言，解决问题不能只靠某一部门的力量，一定要靠各方面专业人员共同协作。这种组织形式可以将职能原则和项目对象原则结合起来，使其既发挥职能部门的横向优势，又能发挥项目组织的纵向优势，纵横两套管理系统是相互融合的关系。

总监理工程师直接管理职能部门与子项目监理组织，而子项目监理组织同时受到总监理工程师与职能部门的管理。

矩阵制监理组织形式，如图2-6所示。图中虚线所绘的交叉点上，表示了两者协同以共同解决问题。如子项目1的质量验收是由子项目1监理组和质量控制组共同进行的。

1. 矩阵制监理组织形式的适用范围

矩阵制监理组织形式适用于同时承担多个需要进行项目监理工程的企业以及大型复杂的项目监理工程。

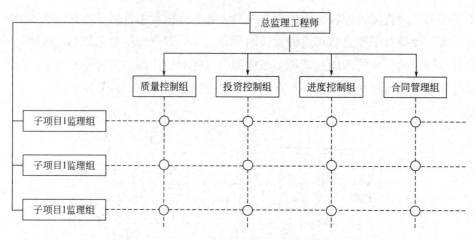

图 2-6 矩阵制监理组织形式

2. 矩阵制监理组织形式的优点

（1）节省人力，并提高项目监理工作的效率，通过职能部门的协调，优化人员工作分配，防止人才短缺，赋予项目组织一定的弹性与应变能力；

（2）加强了各职能部门的横向联系；

（3）具有较大的机动性和适应性；

（4）将各组织的集权与分权实行最优结合，有利于解决复杂问题；

（5）有利于人才的全面培养，使各专业配合更加密切，在实践中提高业务能力，充分发挥纵向的专业优势。

3. 矩阵制监理组织形式的缺点

（1）项目组织中的成员需要接受项目总监与监理企业中原职能部门的双重领导，易造成组织内协调混乱，发生扯皮现象，产生矛盾。

（2）纵横向协调工作量大，对监理企业管理水平、项目管理水平、领导者的素质、组织机构的办事效率、信息沟通渠道的畅通等均有较高要求，处理不当会造成信息沟通量膨胀和沟通渠道复杂化，致使信息梗阻和失真。

三、项目监理机构的设立及撤销

工程监理单位在建设工程监理合同签订后，应及时将项目监理机构的组织形式、人员构成及对总监理工程师的任命书面通知建设单位，并应在建设单位主持的第一次工地会议上告知承包单位。

（一）项目监理机构的设立

1. 基本要求

（1）设立项目监理机构应遵循适应、精简、高效的原则。

（2）工程监理单位设立项目监理机构，应根据建设工程项目的特点，在招标文件和监理合同中规定监理人员专业配套、数量、素质等基本要求，并出具主要监理人员的简历、业绩和相关证书复印件。项目监理机构一般由一名总监理工程师、若干名专业监理工程师和监理员组成，必要时可设总监理工程师代表，专业配套数量应满足监理工作和建设工程监理合同对监理工作深度及建设工程监理目标控制的要求。项目监理机构可设总监理工程师代表的情形见表2-2。

监理单位的工程项目管理部门对监理人员的到位情况、数量配备和资格条件等是否符合招标文件、投标文件和委托合同的规定进行检查、监督，评估执行情况。

（3）一名注册监理工程师可担任一项建设工程监理合同的总监理工程师。当需要同时担任多项建设工程监理合同的总监理工程师时，应经建设单位书面同意，且最多不得超过三项。

（4）工程监理单位更换、调整项目监理机构监理人员，应做好交接工作。调换总监理工程师时，应征得建设单位书面同意；调换专业监理工程师时，总监理工程师应书面通知建设单位。

项目监理机构可设总监理工程师代表的情形分类　　　　　　　　　　表 2-2

分类	情形
按专业分	工程规模较大，专业复杂，总监理工程师难以处理多个专业工程时
按施工合同段分	一个建设工程监理合同中包含多个相对独立的施工合同
按工程地域分	工程规模较大，地域比较分散

2. 项目监理机构设立步骤（图2-7）

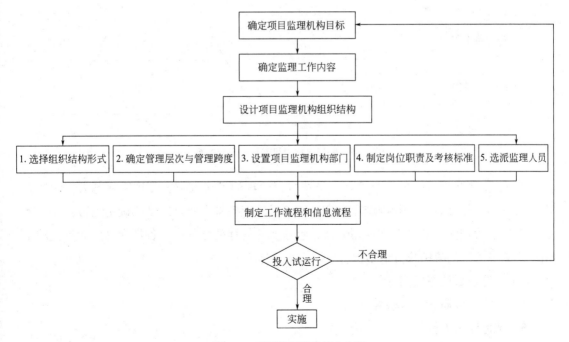

图2-7　项目监理机构设立步骤

（1）确定项目监理机构目标

（2）确定监理工作内容

监理工作的归并及组合应综合考虑工程组织管理模式、工程结构特点、合同工期要求、工程复杂程度、工程管理及技术特点，还应考虑工程监理单位自身组织管理水平、监理人员数量、技术业务特点等。

（3）设计项目监理机构组织结构

1）选择组织结构形式。遵循下列基本原则选择组织结构形式：

① 有利于工程合同管理；

② 有利于监理目标控制；

③ 有利于决策指挥；

④ 有利于信息沟通。

2）确定管理层次与管理跨度

① 管理层次是指组织的最高管理者到最基层实际工作人员之间等级层次的数量。而项目监理机构主要分为三个层次，即决策层、执行层和操作层。需要注意的是组织的最高管理者到最基层实际工作人员权责逐层递减，而人数却逐层递增。管理层次的示意，如图2-8所示。

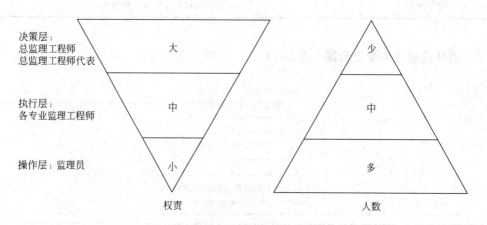

图 2-8　管理层次中权责与人数的关系

② 管理跨度是指一名上级管理人员所直接管理的下级人数。管理跨度越大，领导者需要协调的工作量越大，管理难度也越大。项目监理机构中管理跨度的确定应考虑监理人员的素质、管理活动的复杂性和相似性、监理业务的标准化程度、各规章制度的建立健全情况、建设工程的集中或分散情况等。

3）设置项目监理机构部门。

4）制定岗位职责及考核标准。

5）选派监理人员。

（4）制定工作流程和信息流程

（二）项目监理机构的撤销

施工现场监理工作全部完成或建设工程监理合同终止时，项目监理机构可撤离施工现场。项目监理机构撤离施工现场前，应由工程监理单位书面通知建设单位，并办理相关移交手续。

第三节　项目监理人员 ▶▶

一、项目监理人员的构成

项目监理人员一般由总监理工程师、专业监理工程师、监理员及其他必要的辅助工作人员构成。随着项目的监理阶段的不同，其构成也有所差别。在项目建设前期与决策阶段，可由总监理工程师、专业监理工程师及必要的辅助工作人员构成；在施工阶段，可由总监理工程师、专业监理工程师、监理员构成，另外应配备相应的辅助工作人员。

二、项目监理人员的任职资格

1. 总监理工程师任职资格

由工程监理单位法定代表人书面任命，并取得注册监理工程师证书可以担任总监理工程师。

2. 总监理工程师代表任职资格

总监理工程师代表须经工程监理单位法定代表人同意，由总监理工程师书面授权，经监理业务培训，并具有工程类注册职业资格或具有中级以上专业技术职称、3年及以上工程实践经验。

3. 专业监理工程师任职资格

专业监理工程师需由总监理工程师授权，经监理业务培训，并具有工程类注册职业资格或具有中级及以上专业技术职称、2年及以上工程实践经验。

4. 监理员任职资格

监理员需经过监理业务培训，并具有中专及以上学历。其从事具体监理工作。

三、项目监理人员的职责

监理人员在建设工程项目中扮演着监督者的角色，对建设工程项目是否能高效、顺利完成起着至关重要的作用。因此监理人员需要按照国家现行建设工程监理规范，严格履行其岗位基本职责，并统筹兼顾，确保建设工程项目的顺利进行。

1. 总监理工程师职责

总监理工程师是项目监理工作中的总负责人，应统筹规划，协调全局，负责履行建设工程监理合同、主持项目监理机构工作。其岗位职责主要体现在全局的决策、规划、组织等方面。总监理工程师应履行以下基本职责：

（1）确定项目监理机构人员及其岗位职责。

（2）组织编制监理规划，审批监理实施细则。

（3）根据工程进展及监理工作情况调配监理人员，检查监理人员工作。

（4）组织召开监理例会。

（5）组织审核分包单位资格。

（6）组织审查施工组织设计、（专项）施工方案。

（7）审查工程开复工报审表，签发工程开工令、暂停令和复工令。

（8）组织检查施工单位现场质量、安全生产管理体系的建立及运行情况。

（9）组织审核施工单位的付款申请，签发工程款支付证书，组织审核竣工结算。

（10）组织审查和处理工程变更。

（11）调解建设单位与施工单位的合同争议，处理工程索赔。

（12）组织验收分部工程，组织审查单位工程质量检验资料。

（13）审查施工单位的竣工申请，组织工程竣工预验收，组织编写工程质量评估报告，参与工程竣工验收。

（14）参与或配合工程质量安全事故的调查和处理。

（15）组织编写监理月报、监理工作总结，组织整理监理文件资料。

2. 总监理工程师代表职责

总监理工程师代表履行上述总监理工程师的职责但不包括下列工作：

（1）组织编制监理规划，审批监理实施细则。

（2）根据工程进展及监理工作情况调配监理人员。

（3）组织审查施工组织设计、（专项）施工方案。

（4）签发工程开工令、暂停令和复工令。

（5）签发工程款支付证书，组织审核竣工结算。

（6）调解建设单位与施工单位的合同争议，处理工程索赔。

（7）审查施工单位的竣工申请，组织工程竣工预验收，组织编写工程质量评估报告，参与工程竣工验收。

（8）参与或配合工程质量安全事故的调查和处理。

3. 专业监理工程师职责

专业监理工程师是根据建设工程项目的需要按不同专业所区分的监理人员。当工程规模较大时，在某一专业或岗位可设置若干名专业监理工程师。其岗位职责主要体现在具体工作的领导与执行方面，并有相应工作的签字权。以下为专业监理工程师的基本职责：

（1）参与编制监理规划，负责编制监理实施细则。

（2）审查施工单位提交的涉及本专业的报审文件，并向总监理工程师报告。

（3）参与审核分包单位资格。

（4）指导、检查监理员工作，定期向总监理工程师报告本专业监理工作实施情况。

（5）检查进场的工程材料、构配件、设备的质量。

（6）验收检验批、隐蔽工程、分项工程，参与验收分部工程。

（7）处置发现的质量问题和安全事故隐患。

（8）进行工程计量。

（9）参与工程变更的审查和处理。

（10）组织编写监理日志，参与编写监理月报。

（11）收集、汇总、参与整理监理文件资料。

（12）参与工程竣工预验收和竣工验收。

4. 监理员职责

监理员是项目监理机构具体工作的执行者。除下列监理员的基本职责外，在建设工程监理实施的过程中，项目监理机构应针对建设工程实际情况，明确各岗位监理员的职责分工。监理员还应为专业监理工程师承担具体细节方面的工作，并向专业监理工程师汇报，但无相应工作的签字权。以下为监理员的基本职责：

（1）检查施工单位投入工程的人力、主要设备的使用及运行状况。

（2）进行见证取样。

（3）复核工程计量有关数据。

（4）检查工序施工结果。

（5）发现施工作业中的问题，及时指出并向专业监理工程师报告。

四、监理人员的职业道德与工作纪律

（1）遵法守规、诚实守信。维护国家的荣誉和利益，遵守法规和行业自律公约，讲信誉，守承诺，坚持实事求是，"公平、独立、诚信、科学"地开展工作。

（2）严格监理，优质服务。执行有关工程建设的法律、法规、标准和制度，履行工程监理合同规定的义务，提供专业化服务，保障工程质量和投资效益，改进服务措施，维护业主权益和公共利益。

（3）恪尽职守，爱岗敬业。遵守建设工程监理人员职业道德行为准则，履行岗位职责、做好本职工作，热爱监理事业，维护行业信誉。

（4）团结协作，尊重他人。树立团队意识，加强沟通交流，团结互助，不诋毁各方的名誉。

（5）加强学习，提升能力。积极参加专业培训，努力学习专业技术和建设监理知识，不断提高业务能力和监理水平。

（6）维护形象，保守秘密。抵制不正之风，廉洁从业，不谋取不正当利益。不为所监理工程指定承包商、建筑构配件、设备、材料生产厂家；不收受施工单位的任何礼金、有价证券等；不转借、出租、伪造、涂改监理证书及其他相关资信证明，不以个人名义承揽监理业务；不同时在两个或两个以上工程监理单位注册和从事监理活动；不在政府部门和施工、材料设备的生产供应等单位兼职。树立良好的职业形象。保守商业秘密，不泄露所监理工程各方认为需要保密的事项。

第三章 工程质量控制

第一节 概述 ▶▶

一、建设工程质量的定义及特点

（一）概念

质量是指一组固有特性满足要求的程度。"固有特性"包括了明示的和隐含的特性，明示的特性一般以书面阐明或明确向顾客指出，隐含的特性是指惯例或一般做法。"满足要求"是指满足顾客和相关方的要求，包括法律法规及标准规范的要求。

建设工程质量简称工程质量，是指建设工程满足相关标准规定合同约定要求的程度，包括其在安全、使用功能及其在耐久性能、节能与环境保护等方面所有明示和隐含的固有特性。工程质量控制就是为达到工程项目的质量要求所采取的作业技术和活动。

（二）工程质量的特点

工程质量的特点是由建设工程本身和建设生产的特点决定的。建设工程（产品）及其生产的特点：一是产品的固定性，生产的流动性；二是产品的多样性，生产的单件性；三是产品形体庞大、高投入、生产周期长，具有风险性；四是产品的社会性，生产的外部约束性。正是由于上述建设工程的特点而形成了工程质量本身有以下特点。

1. 影响因素多

工程质量受到多种因素的影响，如决策、设计、材料、机具设备、施工方法、施工工艺、技术措施、人员素质、工期、工程造价、环境等，这些因素直接或间接地影响工程项目质量。

2. 质量波动大

由于建筑生产的单件性、流动性，不像一般工业产品的生产那样，有固定的生产流水线、有规范化的生产工艺和完善的检测技术、有成套的生产设备和稳定的生产环境，所以工程质量容易产生波动且波动较大。同时由于影响工程质量的偶然性因素和系统性因素比较多，其中任一因素发生变动，都会使工程质量产生波动。如材料规格品种使用错误、施工方法不当、操作未按规程进行、机械设备过度磨损或出现故障、设计计算失误等，都会发生质量波动，产生系统因素的质量变异，造成工程质量事故。为此，要严防出现系统性因素的质量变异，要把质量波动控制在偶然性因素范围内。

3. 质量隐蔽性

建设工程在施工过程中，分项工程交接多、中间产品多、隐蔽工程多，因此质量存在隐蔽性。若在施工中不及时进行质量检查，事后只能从表面上检查，就很难发现内在的质量问题，这样就容易产生判断错误，即第二类判断错误（将不合格品误认为合格品）。

4. 终检的局限性

工程项目建成后不可能像一般工业产品那样依靠终检来判断产品质量，或将产品拆卸、解体来检查其内在的质量，或对不合格零部件可以更换。而工程项目的终检（竣工验收）无法进行工程内在质量的检验，不容易发现隐蔽的质量缺陷。因此，工程项目的终检存在一定的局限性。这就要求工程质量的控制应以预防为主，防患于未然。

5. 评价方法的特殊性

工程质量的检查评定及验收是按检验批、分项工程、分部工程、单位工程进行的。检验批的质量是分项工程乃至整个工程质量检验的基础，其合格质量主要取决于主控项目和一般项目经抽样检验的结果。隐蔽工程在隐蔽前要检查合格后验收，涉及结构安全的试块、试件以及有关材料，应按规定进行见证取样检测，涉及结构安全和使用功能的重要分部工程要进行抽样检测。工程质量是在施工单位按合格质量标准自行检查评定的基础上，由监理工程师（或建设单位项目负责人）组织有关单位、人员进行检验确认验收。这种评价方法体现了"验评分离、强化验收、完善手段、过程控制"的指导思想。

二、影响工程质量的因素

影响工程质量的因素很多，但归纳起来主要有五个方面，即人（Man）、材料（Material）、机械（Machine）、方法（Method）和环境（Environment），简称4M1E。

1. 人员素质

人是生产经营活动的主体，也是工程项目建设的决策者、管理者、操作者，工程建设的规划、决策、勘察、设计、施工与竣工验收等全过程，都是通过人的工作来完成的。人员的素质，即人的文化水平、技术水平、决策能力、管理能力、组织能力、作业能力、控制能力、身体素质及职业道德等，都将直接或间接地对工程质量产生不同程度的影响。因此，建筑行业实行资质管理和各类专业从业人员持证上岗制度是保证人员素质的重要管理措施。

2. 机械设备

机械设备可分为两类：一类是指组成工程实体及配套的工艺设备和各类机具，如电梯、泵机、通风设备等，它们构成了建筑设备安装工程或工业设备安装工程，形成完整的使用功能。另一类是指施工过程中使用的各类机具设备，包括大型垂直与横向运输设备、各类操作工具、各种施工安全设施、各类测量仪器和计量器具等，简称施工机具设备，它们是施工生产的手段。工程所用机具设备，其产品质量优劣直接影响工程使用功能质量，其类型是否符合工程施工特点、性能是否先进稳定、操作是否方便安全等，都将影响工程项目的质量。

3. 工程材料

工程材料是指构成工程实体的各类建筑材料、构配件、半成品等，它是工程建设的物质条件，是工程质量的基础。工程材料选用是否合理、产品是否合格、材质是否经过检验、保管使用是否得当等，都将直接影响建设工程结构的刚度和强度，影响工程外表及观感，影响工程的使用功能，影响工程的使用安全。

4. 建造方法

建造方法是指工艺方法、操作方法和施工方案。在工程施工中，施工方案是否合理，施工工艺是否先进，施工操作是否正确，都将对工程质量产生重大的影响。采用新技术、新工艺、新方法，不断提高工艺技术水平，是保证工程质量稳定提高的重要因素。

5. 环境条件

环境条件是指对工程质量特性起重要作用的环境因素，包括工程的技术环境、作业环境、管理环境和周边环境。技术环境有工程地质、水文、气象等，作业环境有施工作业面大小、防护设施、通风照明和通信条件等；工程管理环境涉及工程实施的合同环境与管理关系的确定，组织体制及管理制度等；周边环境有工程邻近的地下管线、建（构）筑物。环境条件往往对工程质量产生特定的影响。加强环境条件管理，辅以必要措施，是控制环境条件影响工程质量的重要保证。

三、工程质量控制的基本原理

质量控制基本原理可归纳为：PDCA循环原理及三阶段控制原理。

（一）PDCA循环原理

PDCA（P-计划、D-实施、C-检查、A-处置）循环，是确立质量控制和建立质量体系的基本原理。从实践理论的角度看，质量控制首先要确定任务目标，并按照PDCA循环原理来实现预期目标。每一循环都围绕着实现预期目标，进行计划、实施、检查和处置活动，随着对存在问题的解决和改进，在一次次的滚动循环中逐步上升，不断提高，持续改进。一个循环的四大职能活动相互联系，共同构成了质量控制的系统过程。

1. 计划P（Plan）

计划职能包括确定质量目标和制定实现质量目标的行动方案。实践表明质量计划的严谨周密、经济合理和切实可行，是保证工作质量、产品质量和服务质量的前提条件。

2. 实施D（Do）

实施是指将质量目标值通过生产要素的投入、作业技术活动和产出过程，转换为质量实际值。为保证质量的产出或形成过程能够达到预期结果，在各项质量活动实施前，要根据质量控制计划进行部署和交底。在实施过程中，要求严格执行计划的行动方案、规范行为，把质量控制计划的各项规定和安排落实到具体的资源配置和作业技术活动中去。

3. 检查C（Check）

检查是指对计划实施过程进行各种检查，包括作业者的自检、互检和专职管理者专检。检查的内容如下：

（1）检查是否严格执行了计划的行动方案，实际条件是否发生了变化，不执行计划的原因。

（2）检查计划执行的结果，即产出的质量是否达到标准的要求，并对此进行确认和评价。

4. 处置A（Action）

处置分为纠偏和预防改进两个方面。纠偏是采取措施，解决当前的问题或事故；预防改进是提出目前质量状况信息，并反馈给管理部门，反思问题症结，确定改进目标和措施，为今后类似问题的质量预防提供借鉴。对于检查所发现的质量问题，应及时进行原因分析，采取必要的措施予以纠正，保持质量形成过程处于受控状态。

（二）三阶段控制原理

三阶段控制指的是实施质量活动的事前控制、事中控制和事后控制。三阶段控制原理适用于工程建设的全过程。

1. 事前质量控制

事前质量控制的重点是工作质量计划预控，即做好工程实施前的准备工作。一是根据质量目标制订质量计划或编制实施方案；二是按质量计划对相应的准备工作进行控制。

2. 事中质量控制

事中质量控制的重点是过程质量控制，即对工程实施过程进行全面控制，包括技术交底、过程输入的检验、工艺流程、检验点以及变更、不合格质量文件等控制。

3. 事后质量控制

事后质量控制也称为事后质量把关，以使不合格工序或最终产品不流入下道工序。事后质量控制包括对质量活动结果的评价、认定。控制的重点是发现质量方面的缺陷，并通过分析提出质量改进的措施，保持质量处于受控状态。

三阶段控制环节不是相互孤立和截然分开的，它们共同构成有机联系的系统过程，实质上就是质量控制PDCA循环的具体化，在每一次滚动循环中不断提高，持续改进。

四、工程质量控制的依据

（一）工程合同文件

工程合同包括建设工程监理合同、建设单位与其他相关单位签订的合同，即与施工单位签订的施工合同，与材料设备供应单位签订的材料设备采购合同等。项目监理机构既要履行建设工程监理合同条款，又要监督施工单位、材料设备供应单位履行有关工程质量合同条款。因此，项目监理机构监理人员应熟悉这些相应条款，据以进行质量控制。

（二）工程勘察设计文件

工程勘察包括工程测量、工程地质和水文地质勘察等内容，工程勘察成果文件为工程项目选址、工程设计和施工提供科学可靠的依据。也是项目监理机构审批工程施工组织设计或施工方案、工程地基基础验收等工程质量控制的重要依据。经过批准的设计图纸和技术说明书等设计文件，是质量控制的重要依据。施工图审查报告与审查批准书、施工过程中设计单位出具的工程变更设计都属于设计文件的范畴，是项目监理机构进行质量控制的重要依据。

（三）有关质量管理方面的法律法规、部门规章与规范性文件

我国具有健全的工程质量管理法律法规体系，例如：

法律：《中华人民共和国建筑法》《中华人民共和国刑法》《中华人民共和国民法典》《中华人民共和国防震减灾法》《中华人民共和国节约能源法》《中华人民共和国消防法》等。

行政法规：《建设工程质量管理条例》《民用建筑节能条例》等。

部门规章：《建筑工程施工许可管理办法》《建设工程质量检测管理办法》《房屋建筑和市政基础设施工程质量监督管理规定》《房屋建筑和市政基础设施工程竣工验收备案管理办法》《房屋建筑工程质量保修办法》等。

规范性文件：《工程质量安全管理手册（试行）》《房屋建筑工程施工旁站监理管理办法（试行）》等。

此外，其他各行业如交通、能源、水利、冶金、化工等和省、市、自治区的有关主管部门，也均根据本行业及地方的特点，制定和颁发了有关的法规性文件。

（四）工程建设标准

1. 工程项目施工质量验收标准

这类标准主要是由国家或部门统一制定的，用以作为检验和验收工程项目质量水平所依据的技术法规性文件。例如，《建筑工程施工质量验收统一标准》GB 50300—2013、《混凝土结构工程施工质量验收规范》GB 50204—2015、《建筑装饰装修工程质量验收标准》GB 50210—2018等。对于其他行业如水利、电力、交通等工程项目的质量验收，也有与之

类似的相应的质量验收标准。

2. 有关工程材料、半成品和构配件质量控制方面的专门技术法规性依据

（1）有关材料及其制品质量的技术标准。诸如水泥、木材及其制品；钢筋、砌块、石材、石灰、砂、玻璃、陶瓷及其制品；涂料、保温及吸声材料、防水材料、塑料制品；建筑五金、电缆电线、绝缘材料以及其他材料或制品的质量标准。

（2）有关材料或半成品等的取样、试验等方面的技术标准或规程。例如、钢材的物理力学试验方法，钢材的机械及工艺试验取样法，水泥安定性检验方法等。

（3）有关材料验收、包装、标志方面的技术标准和规定。例如，型钢的验收、包装、标志及质量证明书的一般规定；钢管验收、包装、标志及质量证明书的一般规定等。

（4）控制施工作业活动质量的技术规程。例如，电焊操作规程、砌体操作规程、混凝土施工操作规程等，它们是为了保证施工作业活动质量在作业过程中应遵照执行的技术规程。

五、工程质量控制的方法及措施

（一）工程质量控制的方法

质量检查的方法有目测法、量测法（实测法）和试验法。

1. 目测法

目测法即凭借人的感官进行质量状况判断。依据质量标准的要求，运用目测法进行质量检查的要领可归纳为"看、摸、敲、照"四个字。

看：是根据质量标准的要求进行外观检查。

摸：是通过触摸手感进行检查、鉴别。

敲：是运用敲击工具进行音感检查。

照：是通过人工光源或反射光照射，检查难以看到或光线较暗的部位。

2. 量测法

量测法即通过实测数据与施工规范、质量标准的要求及允许偏差值进行对照，以此判断检查对象的质量是否符合要求，其手段可概括为"靠、量、吊、套"四个字。

靠：是用直尺、塞尺检查。诸如墙面、地面、路面等的平整度。

量：是指用测量工具和计量仪表等进行检查。

吊：是利用托线板以及线坠吊线检查垂直度。

套：是以方尺套方，辅以塞尺检查。如对阴阳角的方正、踢脚线的垂直度检查等。

3. 试验法

试验法即通过必要的试验手段对质量进行判断的检查方法，主要包括以下内容。

（1）理化试验：工程中常用的理化试验包括物理力学性能检验和化学成分及化学性能测定两个方面。物理力学性能检验，包括各种力学指标的测定，如抗拉强度、抗压强度、抗弯强度等，以及各种物理性能方面的测定，如密度、含水量、凝结时间及抗渗、耐磨等。化学成分及化学性能测定，如钢筋中的硫含量，混凝土粗骨料中的活性氧化硅成分，以及耐酸、耐碱、抗腐蚀性等。此外，根据规定有时还需进行现场试验，例如，对柱或地基的静载试验、防水层的蓄水或淋水试验等。

（2）无损检测：利用专门的仪器仪表从表面探测结构物、材料、设备的内部组织结构或损伤情况。常用的无损检测方法有超声波探伤、X 射线探伤等。

（二）现场质量控制的方法

1. 见证取样

（1）见证取样的含义

见证取样是指项目监理机构对施工单位进行的设计结构安全的试块、试件及工程材料现场进行取样、封样、送检活动的监督活动。

（2）见证取样的方法

项目监理机构应指定一名监理员作为见证员，负责见证取样工作。见证员应按相关规定和合同约定对需要复试的进场材料、构配件进行见证取样，并建立试验台账，检验报告返回后予以完善。按规定程序复试不合格的材料、构配件、设备不得用于工程，并要求施工单位限期撤出施工现场。

2. 巡视

巡视是项目监理机构对施工现场进行的定期或不定期的检查活动。

（1）项目监理机构应安排监理人员对工程质量情况进行巡视，各专业监理工程师每天对本专业工程施工质量情况巡视不应少于两次。

（2）巡视应包括下列主要内容：施工单位是否按工程设计文件、工程建设标准、批准的施工组织设计、（专项）施工方案施工；使用的材料、构配件和设备是否合格；施工质量管理人员是否到位；特种作业人员是否持证上岗。

（3）监理人员在巡视中发现施工过程存在质量隐患和质量问题的，应及时纠正或书面通知施工单位整改。

（4）专业监理工程师应将本专业工程施工质量的巡视情况、质量隐患和质量问题的整改及落实情况记录在监理日志中。

3. 旁站

（1）旁站的含义

旁站是指项目监理机构对工程的关键部位或关键工序的施工质量进行的监督活动。

（2）旁站监理的方法

1）项目监理机构应将旁站监理方案中确定的关键部位、关键工序书面通知施工单位，并按旁站监理方案实施监督。

2）总监理工程师应指派监理人员对关键部位、关键工序的施工过程进行旁站，并记录签字。

3）监理人员在旁站过程中发现施工单位未按施工规范、设计文件和施工组织设计、（专项）施工方案施工或施工质量不满足验收规范要求的，应及时纠正或签发监理通知单，要求施工单位整改。

4. 平行检验

（1）平行检验的含义

平行检验是指项目监理机构在施工单位自检的同时，按有关规定、建设工程监理合同约定对同一检验项目进行的检测试验活动。

（2）项目监理机构应根据工程特点、专业要求，按有关技术标准规定和监理合同约定，对材料、构配件、设备的相关检测项目进行检测试验，对检验批进行独立实测检验。

（3）平行检验的项目、数量、频率和费用等应符合建设工程监理合同的约定。对平行检验不合格的施工质量，项目监理机构应签发监理通知单，要求施工单位在指定的时间内整改并重新报验。

第二节 工程施工阶段质量控制工作 ▶▶

一、质量控制策划

工程施工质量控制是工程施工阶段项目监理机构的主要工作内容。项目监理机构应基于施工质量控制的依据和工作程序，抓好施工质量控制工作。施工准备的质量控制应重点做好图纸会审与设计交底、施工组织设计的审查、施工方案的审查和现场施工准备质量控制等工作。施工过程中，项目监理机构采用包括审查、巡视、监理指令、旁站、见证取样、实测检查、平行检验和验收等监理工作手段对工程质量进行控制，以及把关工程变更，并做好质量记录资料的管理。

（一）施工阶段质量控制

施工阶段质量控制分为事前控制（资质、材料、设备、方案、制度、图纸及质量保证体系）、事中控制（工序、交接、方法、变更、洽商、会议协调等）和事后控制（工程验收、组织试运行、审核竣工报告及竣工图、整理质量文件）三个阶段。其主要是通过对各施工单位的人员、材料和设备、施工机械和机具、施工工艺和方法、施工环境等实施全面控制，通过规范化、制度化、程序化和标准化的管理，严格贯彻执行工程质量法规和标准，采取科学的管理方法和各种有效措施，确保实现项目预期的使用功能和质量目标。

1. 事前控制

（1）审查施工单位的技术资质，重点是质量保证体系。

（2）参加工程设计图纸会审和设计交底会议。

（3）对工程所需的材料、构配件的质量进行检查和控制。

（4）对工程中采用的新工艺、新结构、新技术，审查其技术鉴定证书。

（5）对工程质量有影响的施工机械、设备，应审核所提供的技术性能报告，不符合质量要求的不能使用。

（6）检查施工现场的放线、定位，重要工程应组织复测，如原始坐标点。

（7）审核施工单位提交的针对本工程具体特点的施工方案和施工组织设计，保证工程质量具有可靠的技术措施。

2. **事中控制**

（1）严格进行工序间交接检查，主要工序作业需按有关验收规定，由现场监理人员签署验收。

（2）加强隐蔽工程质量的复检，上道工序不合格，不允许进行下道工序。

（3）按影响质量的因素，建立质量管理点，提出预控对策，审核施工单位提交的质量统计分析资料。

（4）按合同规定行使质量否决权，如有以下情况，可会同建设单位下达停工令：

1）施工中出现质量异常情况，提出后仍不采取改进措施；

2）隐蔽作业未通过现场监理人员检查，而自行掩盖；

3）擅自变更设计、图纸进行施工；

4）使用没有技术合格证的工程材料；

5）未经技术资质审查的人员进入现场施工；

6）其他严重质量事件。

（5）发生质量缺陷时，及时作出处理决定并实施。

（6）对施工质量不合格项目，建议拒付工程款，并督促其返工。

（7）实施旁站监理。

（8）对完成的分项、分部工程，按质量统一验收标准和规范进行检查验收，将资料报送建设主管部门和建设单位。

3. **事后控制**

（1）审核施工单位提供的质量检验报告，对完成的单位工程进行检查验收，并将资料报送质量监督站和建设单位。

（2）审核施工单位提交的竣工图，协助施工单位及时做好以下文件归档：

1）水准坐标位置；

2）测量放线记录；

3）沉降变形观察记录；

4）图纸及会审记录；

5）隐蔽工程记录；

6）竣工详图；

7）调试、试运行记录等。

（二）施工阶段质量控制工作流程

施工阶段质量控制工作流程如图3-1所示。

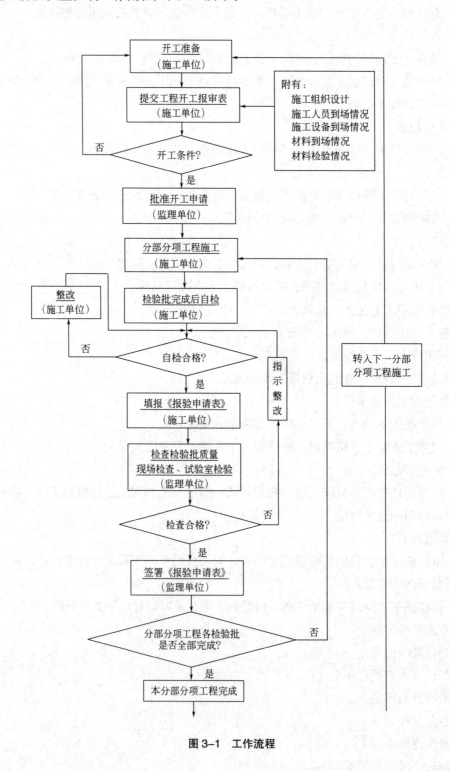

图3-1 工作流程

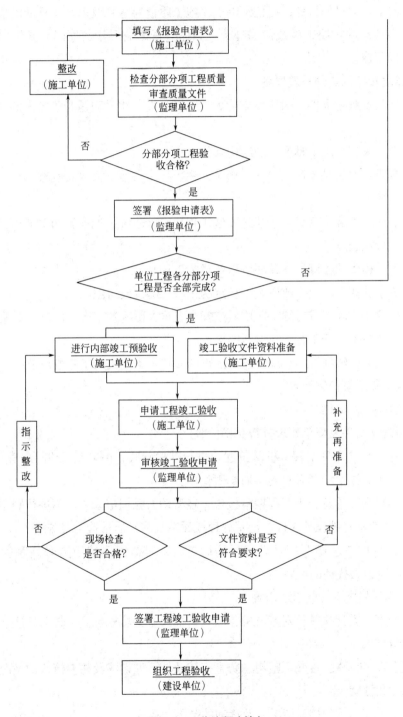

图 3-1 工作流程（续）

（三）质量控制要点

1. 质量控制点设置方法

（1）根据工程项目的特点，抓住影响工序施工质量的主要因素设置质量控制点。

（2）工序活动的重要部位或薄弱环节，事先分析影响质量的原因，并提出相应的措施，以便进行预控。

2. 选择质量控制点的一般原则

选择保证质量难度大的、对质量影响大的或者是发生质量问题时危害大的对象作为质量控制点：

（1）技术要求高、施工难度大的结构部位。

（2）影响质量的关键工序、操作、施工顺序、技术参数、材料、机械、自然条件、施工环境或某一环节。

（3）一般建筑安装工程可将《建筑安装工程质量验收统一标准》的保证项目（主控项目）设置为质量控制点。

（4）施工过程中的关键工序或环节以及隐蔽工程。

（5）施工中的薄弱环节，或质量不稳定的工序、部位或对象。

（6）对后续工程施工或后续工序质量或安全有重大影响的工序、部位或对象。

（7）采用新技术、新工艺、新材料的部位或环节。

（8）施工上无足够把握的、施工条件困难的或技术难度大的工序或环节。

3. 建筑工程质量控制要点

（1）地基基础工程

1）按照设计文件及规范要求进行基槽验收。

天然地基、地基处理工程、桩基工程应进行基槽验收，由勘察、设计、建设、监理、施工等各单位相关技术负责人共同参加基槽验收。

验槽时，现场应具备岩土工程勘察报告、轻型动力触探记录（可不进行轻型动力触探的情况除外）、地基基础设计文件、地基处理或深基础施工质量检测报告等。

验槽应在基坑或基槽开挖至设计标高后进行，对留置保护土层时其厚度不应超过100mm，槽底应为无扰动的原状土。

① 天然地基验槽应检验以下内容：

A. 根据勘察、设计文件核对基坑的位置、平面尺寸、坑底标高，核对坑底、坑边岩土体及地下水情况。

B. 检查空穴、古墓、古井、暗沟、防空掩体及地下埋设物及防空掩体的情况，并应查明位置、深度和性状。

C. 检查基坑底土质的扰动情况以及扰动的范围和程度。

D. 检查基坑底土质受到冰冻、干裂、受水冲刷或浸泡等扰动情况，并应查明其影响范围和深度。

E.天然地基验槽前应在基坑（槽）底普遍进行轻型动力触探检验，检验数据作为验槽依据。

② 地基处理工程验槽应检验以下内容：

A.设计和勘察文件有明确地基处理要求的，在地基处理完成、开挖至设计标高后应进行验槽，并按照勘察和设计单位出具的地基处理意见进行地基处理，做好见证取样和验收。需做承载力检测的，建设单位应委托独立第三方进行检测。

B.对于换填地基、强夯地基，应现场检查处理后的地基均匀性、密实度等检测报告和承载力检测资料。

C.对于增强体复合地基，应检查桩位、桩头、桩间土情况和复合地基施工质量检测报告。

D.对于特殊土地基，应检查处理后地基的湿陷性、地震液化、冻土保温、膨胀土隔水等方面的处理效果检测资料。

E.经过处理的地基承载力和沉降特性，应以处理后的检测报告为准。

③ 桩基工程验槽应检验以下内容：

A.设计计算中考虑桩筏基础、低桩承台等桩间土共同作用，应在开挖清理至设计标高后对桩间土进行检验。

B.人工挖孔桩，应在桩孔清理完毕后，对桩端持力层进行检验。对大孔径挖孔桩，应逐孔检验孔底的岩土情况。

C.在试桩或桩基施工过程中，应根据勘察报告对出现的异常情况、桩端岩土层的起伏变化及桩周岩土层的分布进行判别。

2）按照设计文件和规范要求进行轻型动力触探检验。

① 天然地基验槽前应在基坑或基槽底普遍进行轻型动力触探检验，检验数据作为验槽依据。

② 轻型动力触探应采用机械自动化实施，检验完毕后，触探孔位处应灌砂填实。

③ 采用轻型动力触探进行基槽检验时，检验深度及间距符合规范要求。

④ 遇到下列情况之一时，可不进行轻型动力触探检验：

A.承压水头可能高于基坑底面标高，触探可造成冒水涌砂时。

B.基础持力层为砾石层或卵石层，且基底以下砾石层或卵石层厚度大于1m时。

C.基础持力层为均匀、密实砂层，且基底以下厚度大于1.5m时。

3）地基强度或承载力检验结果符合设计文件规定，并达到以下规范要求：

① 素土和灰土地基、砂和砂石地基、土工合成材料地基、粉煤灰地基、强夯地基、注浆地基、预压地基的承载力必须达到设计要求。

② 地基承载力的检验数量每300m²不应少于1点，超过3000m²部分每500m²不应少于1点，每单位工程不应少于3点。

4）复合地基的承载力检验结果应符合设计文件要求。

5）桩基础承载力检验结果符合设计文件要求。

6）对于不满足设计要求的地基，应有经设计单位确认的地基处理方案，并有处理记录。

7）填方工程的施工应满足设计文件规定，并达到以下规范要求：

① 施工前应检查基底的垃圾、树根等杂物清除情况，测量基底标高、边坡坡率，检查验收基础外墙防水层和保护层等。回填料应符合设计要求，并应确定回填料含水量控制范围、铺土厚度、压实遍数等施工参数。

② 施工中应检查排水系统、每层填筑厚度、辗迹重叠程度、含水量控制、回填土有机质含量、压实系数等。回填施工的压实系数应满足设计要求。当采用分层回填时，应在下层的压实系数经试验合格后进行上层施工。填筑厚度及压实遍数应根据土质、压实系数及压实机具确定。

③ 施工结束后，应进行标高及压实系数检验。

（2）钢筋工程

1）确定细部做法并在技术交底中明确。

2）清除钢筋上的污染物和施工缝处的浮浆。

3）对预留钢筋进行纠偏。

4）钢筋加工符合设计文件，并达到以下规范要求：

① 钢筋弯折的弯弧内直径应符合下列规定：

A.光圆钢筋，不应小于钢筋直径的 2.5 倍。

B.335MPa 级、400MPa 级带肋钢筋，不应小于钢筋直径的 4 倍。

C.500MPa 级带肋钢筋，当直径为 28mm 以下时不应小于钢筋直径的 6 倍，当直径为 28mm 及以上时不应小于钢筋直径的 7 倍。

D.箍筋弯折处尚不应小于纵向受力钢筋直径。

② 纵向受力钢筋的弯折后平直段长度应符合设计要求。光圆钢筋末端做 180° 弯钩时，弯钩的平直段长度不应小于钢筋直径的 3 倍。

③ 箍筋、拉筋的末端应按设计要求作弯钩：

A.对一般结构构件，箍筋弯钩的弯折角度不应小于 90°，弯折后平直段长度不应小于箍筋直径的 5 倍；对有抗震设防要求或设计有专门要求的结构构件，箍筋弯钩的弯折角度不应小于 135°，弯折后平直段长度不应小于箍筋直径的 10 倍。

B.圆形箍筋的搭接长度不应小于其受拉锚固长度，且两末端弯钩的弯折角度不应小于 135°，弯折后平直段长度，对一般结构构件不应小于箍筋直径的 5 倍，对有抗震设防要求的结构构件不应小于箍筋直径的 10 倍。

C.梁、柱复合箍筋中的单肢箍筋两端弯钩的弯折角度均不应小于 135°，弯折后平直段长度应符合上述有关规定。

④ 盘卷钢筋调直后应进行力学性能和重量偏差的检验偏差，其强度应符合国家现行有关标准的规定，其断后伸长率、重量偏差应符合《混凝土结构工程施工质量验收规范》GB 50204—2015 的相关规定。

⑤ 钢筋加工的形状、尺寸应符合设计要求，其偏差应符合《混凝土结构工程施工质量验收规范》GB 50204—2015的规定。

5）钢筋的牌号、规格和数量符合设计文件规定，并达到以下规范要求：

① 钢筋的牌号、规格和数量必须符合设计要求。

② 对进场的钢筋应做好进场质量验收、复试检验。

③ 钢筋进场时，应按国家现行标准的规定抽取试件做屈服强度、抗拉强度、伸长率、弯曲性能和重量偏差检验，检验结果应符合相应的标准规定。

④ 对按一、二、三级抗震等级设计的框架和斜撑构件（含梯段），其纵向受力普通钢筋应采用HRB335E、HRB400E、HRB500E、HRBF335E、HRBF400E或HRBF500E钢筋，其强度和最大力下总伸长率的实测值应符合下列规定：

A.抗拉强度实测值与屈服强度实测值的比值不应小于1.25。

B.屈服强度实测值与屈服强度标准值的比值不应大于1.30。

C.钢筋最大拉力下的总伸长率实测值不应小于9%。

⑤ 钢筋应平直、无损伤，表面不得有裂纹、油污、颗粒状或片状老锈。

⑥ 成型钢筋的外观质量和尺寸偏差应符合国家现行相关标准的规定。

⑦ 钢筋机械连接套筒、钢筋锚固板以及预埋件等的外观质量应符合国家现行相关标准的规定。

6）钢筋的安装位置符合设计文件规定，并达到以下规范要求：

① 钢筋应安装牢固。受力钢筋的安装位置、锚固方式应符合设计要求。

② 钢筋安装偏差及检验方法应符合设计及规范要求。受力钢筋保护层厚度的合格点率应达到90%及以上。

7）保证钢筋位置的措施到位。

8）钢筋连接符合设计文件规定，并达到以下规范要求：

① 钢筋采用机械连接或焊接连接时，钢筋机械连接接头、焊接接头的力学性能、弯曲性能应符合规范规定，接头试件应从工程实体中截取。

② 钢筋采用机械连接时，螺纹接头应检验拧紧扭矩值，挤压接头应量测压痕直径，检验结构符合现行行业标准《钢筋机械连接技术规程》JGJ 107的规定。

③ 钢筋接头的位置应符合设计和施工方案要求。有抗震设防要求的结构中，梁端、柱端箍筋加密区范围内钢筋不应进行钢筋搭接。接头末端至钢筋弯起点的距离不应小于钢筋直径的10倍。

④ 钢筋机械连接接头、焊接接头的外观质量应符合现行行业标准《钢筋机械连接技术规程》JGJ 107、《钢筋焊接及验收规程》JGJ 18的规定。

⑤ 当纵向受力钢筋采用机械连接接头或焊接接头时，同一连接区段内纵向受力钢筋的接头面积百分率应符合设计要求；当设计无具体要求时，应符合下列规定：

A.受拉接头，不宜大于50%；受压接头，可不受限制。

B.直接承受动力荷载的结构构件中，不宜采用焊接；当采用机械连接时，不应超过50%。

⑥ 当纵向受力钢筋采用绑扎搭接接头时，接头的设置应符合下列规定：

A.接头的横向净间距不应小于钢筋直径，且不应小于25mm。

B.同一连接区段内，纵向受拉钢筋的接头面积百分率应符合设计要求；当设计无具体要求时，梁类、板类及墙类构件不宜超过25%；基础筏板，不宜超过50%。柱类构件不宜超过50%。当工程中确有必要增大接头面积百分率时，对梁类构件，不应大于50%。

9）钢筋锚固符合设计文件规定，并达到以下规范要求：

① 钢筋的锚固长度分为基本锚固长度及抗震设计时基本锚固长度，应符合设计文件及标准规范的要求。

② 钢筋的锚固长度根据钢筋的种类及混凝土的强度等级、抗震等级确定。

③ 环氧树脂涂层带肋钢筋的锚固长度乘以1.25的系数。

④ 钢筋锚固长度应满足16G101图集的有关要求。

10）箍筋、拉筋弯钩符合设计文件规定，并达到以下规范要求：

① 对一般结构构件，箍筋弯钩的弯折角度不应小于 90°，弯折后平直部分长度不应小于箍筋直径的 5 倍；对有抗震设防及设计有专门要求的结构构件，箍筋弯钩的弯折角度不应小于 135°，弯折后平直部分长度不应小于箍筋直径的 10 倍和75mm 中的较大值。

② 圆柱箍筋的搭接长度不应小于钢筋的锚固长度，两末端均应做135° 弯钩，弯折后平直部分长度对一般结构构件不应小于箍筋直径的 5 倍，对有抗震设防要求的结构构件不应小于箍筋直径的 10 倍。

③ 拉筋两端弯钩的弯折角度均不应小于135°，弯折后平直部分长度不应小于拉筋直径的 10 倍。

11）悬挑梁、板的钢筋绑扎符合设计文件规定，并达到以下规范要求：

① 悬挑梁、板钢筋的规格、位置、数量应符合设计要求。

② 在钢筋混凝土悬臂梁中，应有不少于 2 根上部钢筋伸至悬臂梁外端，并向下弯折不小于12d；其余钢筋不应在梁的上部截断。

③ 当上部钢筋为一排，且 $l < 4h_b$ 时，上部钢筋可不在端部弯下，伸至悬挑梁外端，向下弯折 12d。上排至少 2 根角筋，并不少于第一排纵筋的 1/2，其余纵筋弯下。当上部钢筋为两排，且 $l < 5h_b$ 时，可不将钢筋在端部弯下，伸至悬挑梁外端向下弯折 12d。当梁上部设有第三排钢筋时，其伸出长度应由设计注明。其余情况应满足 16G101 图集中悬挑梁钢筋构造要求。

④ 悬挑梁端附加箍筋范围应满足 16G101 图集中悬挑梁端附加箍筋范围要求。

⑤ 悬挑板钢筋构造满足 16G101 图集中悬挑板钢筋构造要求，当无支承板厚≥150mm 时，无支承板端部应做封边，钢筋规格按设计要求。

12）后浇带预留钢筋的绑扎符合设计文件规定，达到以下规范要求：

① 后浇带留置位置应符合设计要求。

② 后浇带预留钢筋的牌号、规格、数量应符合设计要求。

③ 后浇带两侧应采用钢筋支架和钢丝网隔断，保持带内的清洁，防止钢筋锈蚀或被

压弯、踩弯。

④ 后浇带两侧钢筋采用贯通构造时后浇带处钢筋应不小于800mm。

⑤ 后浇带两侧钢筋采用断开构造时，钢筋采用100%搭接接头，搭接长度为 l_l+60 且 ≥800（当构件抗震等级为一级～四级时，l_l 应改为 l_{le}），梁钢筋可不断开。

13）钢筋保护层厚度符合设计文件规定，并达到以下要求：

混凝土保护层的最小厚度应符合表3-1规定：

混凝土保护层厚度 表 3-1

环境类别	板、墙（mm）	梁、柱（mm）
一	15	20
二a	20	25
二b	25	35
三a	30	40
三b	40	50

① 构件中受力钢筋的保护层厚度不应小于钢筋的公称直径 d。

② 一类环境中，设计使用年限为100年的结构最外层钢筋的保护层厚度不应小于表中数值的1.4倍；二、三类环境中，设计使用年限为100年的结构应采取专门的有效措施。

③ 混凝土强度等级不大于 C25 时，表中保护层厚度数值应增加5mm。

④ 基础底面钢筋的保护层厚度，有混凝土垫层时应从垫层顶面算起，且不应小于40mm。

⑤ 当梁、柱、墙中纵向受力钢筋的保护层厚度大于50mm时，应对保护层采取有效的构造措施。当在保护层内配置防裂、防剥落的钢筋网片时，网片钢筋的保护层厚度不应小于25mm。

⑥ 钢筋保护层厚度检验时，纵向受力钢筋的保护层厚度允许偏差应符合下列要求：梁（+10，-7mm）、板（+8，-5mm）。

⑦ 受力钢筋保护层厚度的合格点率应达到 90% 及以上，且不得有超过表中数值 1.5 倍的尺寸偏差。

（3）混凝土工程

1）模板板面应清理干净并涂刷隔离剂。

2）模板板面的平整度符合要求。

3）模板的各连接部位应连接紧密。

4）竹木模板面不得翘曲、变形、破损。

5）框架梁的支模顺序不得影响梁钢筋绑扎。

6）楼板支撑体系的设计应考虑各种工况的受力情况。

7）楼板后浇带的模板支撑体系按规定单独设置。

8）严禁在混凝土中加水。

9）严禁将洒落的混凝土浇筑到混凝土结构中。

10）各部位混凝土强度符合设计文件规定，并达到以下要求：

① 混凝土强度等级必须符合设计和规范要求，标准养护试块和同条件养护试块应按《混凝土结构工程施工质量验收规范》GB 50204—2015的要求取样和留置。

② 混凝土试块评定。各强度等级的混凝土均应进行检验评定，评定结果应符合设计和规范要求。

③ 混凝土结构子分部工程验收前应对涉及混凝土结构安全的有代表性的部位应进行结构实体检验，结果应符合设计和规范要求。

11）墙和板、梁和柱连接部位的混凝土强度符合设计文件规定，并达到以下要求：

① 墙、柱混凝土设计强度比梁、板混凝土设计强度高一个等级时，柱、墙位置梁、板高度范围内的混凝土经设计单位同意，可采用与梁、板混凝土设计强度等级相同的混凝土进行浇筑。

② 柱、墙混凝土设计强度比梁、板混凝土设计强度高两个等级及以上时，应在交界区域采取分隔措施。分隔位置应在低强度等级的构件中，且距高强度等级构件边缘不应小于500mm。

③ 宜先浇筑高强度等级混凝土，后浇筑低强度等级混凝土。

12）混凝土构件的外观质量符合设计文件规定，并达到以下要求：

① 现浇结构的外观质量缺陷应由监理单位、施工单位等各方根据其对结构性能和使用功能影响的严重程度按验收规范确定。

② 现浇结构的外观质量不应有严重的质量缺陷。对已经出现的严重缺陷，应由施工单位提出技术处理方案，并经监理单位认可后进行处理；对裂缝或连接部位的严重缺陷及其他影响结构安全的严重缺陷，技术处理方案尚应经设计单位认可，对经处理的部位应重新验收。

③ 现浇结构的外观质量不应有一般缺陷。对已经出现的一般缺陷，应由施工单位按技术处理方案进行处理，对经处理的部位应重新验收。

13）混凝土构件的尺寸符合设计文件规定，并达到以下要求：

① 现浇结构不应有影响结构性能或使用功能的尺寸偏差；混凝土设备基础不应有影响结构性能或设备安装的尺寸偏差。

② 对超过尺寸允许偏差且影响结构性能或安装、使用功能的部位，应由施工单位提出技术处理方案，并经监理、设计单位认可后进行处理，对经处理的部位应重新验收。

③ 现浇结构的尺寸偏差应符合规范要求。

14）后浇带、施工缝的接茬处应处理到位。

15）后浇带的混凝土按设计文件和下列规范要求的时间进行浇筑：

① 后浇带封闭时间不得少于14d。

② 超长整体基础中调节沉降的后浇带，混凝土封闭时间应通过监测确定，应在差异沉降稳定后封闭后浇带。

③ 后浇带的封闭时间尚应经设计单位确认。

16）按规定设置施工现场试验室。

17）混凝土试块应及时进行标识。

18）同条件试块应按规定在施工现场养护。

19）楼板上的堆载不得超过楼板结构设计承载能力。

（4）钢结构工程

1）焊工应当持证上岗，在其合格证规定的范围内施焊。

2）一、二级焊缝应进行焊缝内部缺陷检验。

3）高强度螺栓连接副的安装符合设计文件规定，并达到以下要求：

① 钢结构制作和安装单位应分别进行高强度螺栓连接摩擦面（含涂层摩擦面）的抗滑移系数试验和复验，现场处理的构件摩擦面应单独进行摩擦面抗滑移系数试验，其结果应满足设计要求。

② 高强度螺栓连接副的初拧、复拧、终拧应在 24h 内完成。高强度螺栓连接副在终拧完成1h后、48h内进行终拧质量检查，质量检查结果符合规范要求。

③ 对于扭剪型高强度螺栓连接副，除因构造原因无法使用专用扳手拧掉梅花头者外，螺栓尾部梅花头拧断为终拧结束。未在终拧中拧掉梅花头的螺栓数不应大于该节点螺栓数的5%，对所有梅花头未拧掉的扭剪型高强度螺栓连接副应采用扭矩法或转角法进行终拧并做标记，且进行终拧质量检查。

④ 高强度螺栓连接副终拧后，螺栓丝扣外露应为2～3扣，其中允许有10%的螺栓丝扣外露1扣或4扣。

⑤ 高强度螺栓连接摩擦面应保持干燥、整洁，不应有飞边、毛刺、焊接飞溅物、焊疤、氧化铁皮、污垢等，除设计要求外摩擦面不应涂漆。

⑥ 高强度螺栓应能自由穿入螺栓孔，当不能自由穿入时，应用铰刀修正。修孔数量不应超过该节点螺栓数量的25%，扩孔后的孔径不应超过1.2d（d为螺栓直径）。

4）钢管混凝土柱与钢筋混凝土梁连接节点核心区的构造应符合设计文件规定，并达到以下要求：

① 钢管混凝土柱与钢筋混凝土梁节点核心区的构造及钢筋的规格、位置、数量应符合设计要求。

② 钢管混凝土柱与钢筋混凝土梁采用钢管贯通型节点连接时，在核心区内的钢管外壁处理应符合设计要求，设计无要求时，钢管外壁应焊接不少于两道闭合的环箍钢筋，环箍钢筋直径、位置及焊接质量应符合专项施工方案要求。

③ 钢管混凝土柱与钢筋混凝土梁连接采用钢管柱非贯通型节点连接时，钢板翅片、厚壁连接钢管及加劲肋板的规格、数量、位置与焊接质量应符合设计要求。

5）钢管内混凝土的强度等级应符合设计文件要求。

6）钢结构防火涂料的粘结强度、抗压强度应符合设计文件规定，并达到以下要求：

① 防火涂料涂装前，钢材表面防腐涂装质量应满足设计要求并符合规范规定。

② 防火涂料粘结强度、抗压强度应符合《钢结构防火涂料》GB 14907—2018 的规定。

7）薄涂型、厚涂型防火涂料的涂层厚度符合设计文件要求。

8）钢结构防腐涂料涂装的涂料、涂装遍数、涂层厚度均符合设计文件要求。

9）多层和高层钢结构主体结构整体垂直度和整体平面弯曲偏差符合设计文件规定，并达到以下要求：主体钢结构整体立面偏移和整体平面弯曲对主要立面全部检查，对每个所检查的立面，除两列角柱外，尚应至少选取一列中间柱。

10）钢网架结构总拼及屋面工程完成后，应分别测量其挠度值，所测挠度值应符合设计文件规定，并达到以下要求：

① 钢网架结构总拼完成后及屋面工程完成后应分别测量其挠度值，且所测的挠度值不应超过相应荷载条件下挠度计算值的 1.15 倍。

② 跨度 24m 及以下的钢网架、网壳结构，测量下弦中央一点；跨度 24m 以上的钢网架、网壳结构，测量下弦中央一点及各向下弦跨度的四等分点。

（5）装配式混凝土工程

1）预制构件的质量、标识符合设计文件规定，并达到以下要求：

① 预制构件的质量应符合国家现行有关标准的规定和施工图设计文件的要求。

② 预制构件进场时，应提供质量证明文件及质量验收记录。

③ 对合格的预制构件应做出标识，内容应包括：工程名称、构件编号、制作日期、合格状态、生产单位等信息。

④ 预制构件的钢筋、混凝土原材料、预应力材料、预埋件等均应参照国家现行有关标准的规定进行检验。对于进场时不做结构性能检验的预制构件，质量证明文件尚应包括预制构件生产过程的关键验收记录。

2）预制构件的外观质量、尺寸偏差和预留孔、预留洞、预埋件、预留插筋、键槽的位置符合设计文件规定，并达到以下规定：

① 预制构件的外观质量不应有严重缺陷，且不宜有一般缺陷。对已出现的一般缺陷，应按技术方案进行处理，并应重新检验。

② 预制构件上的预埋件、预留插筋、预埋管线等的规格和数量以及预留孔、预留洞的数量应符合设计要求。

③ 预留孔洞、沟槽，预埋管线、箱体、接线盒、套管，以及管道的标高、直径等应精确定位；复杂的安装节点应给出剖面图；预制构件中防雷装置连接要求应有相关说明。

④ 吊装预留吊环、预留焊接埋件安装牢固、无松动。

3）夹心外墙板内外叶墙板之间的拉结件类别、数量、使用位置及性能符合设计文件要求。

4）预制构件表面预贴饰面砖、石材等饰面与混凝土的粘结性能符合设计文件规定，并达到以下要求：

① 当构件饰面层采用面砖时，在模具中铺设面砖前，应根据排砖图的要求进行配砖和加工；饰面砖应采用背面带有燕尾槽或粘结性能可靠的产品。

② 当构件饰面层采用石材时，在模具中铺设石材前，应根据排版图的要求进行配板和加工；应按设计要求在石材背面钻孔、安装不锈钢卡钩、涂覆隔离层。

③ 应采用具有抗裂性和抗柔性、收缩小且不污染饰面的材料嵌填面砖或石材之间的接缝，并应采取防止面砖或石材在安装钢筋、浇筑混凝土等生产过程中发生位移的措施。

④ 石材和面砖等饰面材料应有产品合格证或出厂检验报告，质量应符合现行相关标准的规定。

5）后浇混凝土中钢筋安装、钢筋连接、预埋件安装符合设计文件规定，并达到以下要求：

① 装配式结构的后浇混凝土部位在浇筑前应进行隐蔽工程验收，应验收项目包括后浇混凝土中钢筋安装、钢筋连接、预埋件安装。检查预制构件之间后浇带内钢筋是否按照设计要求布置和连接。

② 当预制构件上的预留外伸连接钢筋位置存在严重位置及长度偏差、影响预制混凝土构件安装时，应会同预制构件深化设计人员制订专项处理方案，严禁随意切割、弯曲调整定位连接钢筋。

6）预制构件的粗糙面或键槽符合设计文件要求。

7）预制构件与预制构件、预制构件与主体结构之间的连接符合设计文件要求。

8）后浇筑混凝土强度符合设计文件要求。

9）钢筋灌浆套筒、灌浆套筒接头符合设计文件规定，并达到以下要求：

① 钢筋套筒灌浆连接接头的抗拉强度不应小于连接钢筋抗拉强度标准值，且破坏时应断于接头外钢筋。

② 预制结构构件采用钢筋套筒灌浆连接时，应在构件生产前进行钢筋套筒灌浆连接接头的抗拉强度试验，每种规格的连接接头试件数量不应少于3个。

③ 灌浆套筒进厂（场）时，应抽取灌浆套筒并采用与之匹配的灌浆料制作对中连接接头试件，并进行抗拉强度检验，检验结果均应符合有关规定。

④ 灌浆套筒应符合现行行业标准《钢筋连接用灌浆套筒》JG/T 398 的有关规定。

⑤ 钢筋套筒灌浆连接接头、钢筋浆锚搭接连接接头按检验批划分要求及时灌浆，灌浆作业应符合国家现行有关标准及施工方案的要求，并应符合《装配式混凝土结构技术规程》JGJ 1—2014 的规定。

⑥ 灌浆施工前，应对不同钢筋生产企业的进场钢筋进行接头工艺检验；施工过程中当更换钢筋生产企业，或同生产企业生产的钢筋外型尺寸与已完成工艺检验的钢筋有较大差异时，应再次进行工艺检验。

⑦ 灌浆套筒进场（厂）时，应抽取灌浆套筒，并采用匹配的灌浆料制作对中连接接头试件，并进行抗拉强度的检验。

⑧ 灌浆套筒、灌浆料的型式检验报告应符合设计要求，灌浆套筒进场外观质量、标

识和尺寸偏差报告应符合设计要求。

10）钢筋连接套筒、浆锚搭接的灌浆应饱满。

11）预制构件连接接缝处防水做法符合设计文件要求。

12）装配式结构施工后，预制构件位置、尺寸偏差应符合设计要求；当设计无具体要求时，应符合《混凝土结构工程施工质量验收规范》GB 50204—2015的规定。

13）后浇混凝土的外观质量和尺寸偏差符合设计文件规定，并达到以下要求：

① 后浇混凝土的外观质量不应有严重缺陷。对已经出现的严重缺陷，应由施工单位提出技术处理方案，并经监理单位认可后进行处理；对裂缝或连接部位的严重缺陷及其他影响结构安全的严重缺陷，技术处理方案尚应经设计单位认可，对经处理的部位应重新验收。

② 后浇混凝土结构不应有影响结构性能和使用功能的尺寸偏差；混凝土设备基础不应有影响结构性能或设备安装的尺寸偏差。对超过尺寸允许偏差且影响结构性能或安装、使用功能的部位，应由施工单位提出技术处理方案，并经监理、设计单位认可后进行处理。对经处理的部位应重新验收。

③ 后浇混凝土结构的位置和尺寸偏差及检验方法，应符合《混凝土结构工程施工质量验收规范》GB 50204—2015的要求。

（6）砌体工程

1）砌块质量符合设计文件规定，并达到以下要求：

① 承重墙体使用的砌块应完整、无破损、无裂缝。

② 普通砖和多孔砖的强度等级不应低于MU10，混凝土小型空心砌块的强度等级不应低于MU7.5。

③ 进场的砌块应有产品合格证书、产品性能型式检验报告，材料主要性能进场复验报告，质量应符合国家有关标准的要求。并应符合设计要求。严禁使用国家明令淘汰的材料。现场所使用的砌块需做抗压强度试验，复验结果应符合设计要求。

2）砌筑砂浆的强度符合设计文件规定，并达到以下要求：

① 普通砖和多孔砖砌筑所使用的砂浆强度等级不应低于M5。

② 混凝土小型空心砌块砌筑所使用的砂浆强度等级不应低于Mb7.5。

③ 现场所使用的砂浆需做抗压强度试验，复验结果应符合设计要求。

3）严格按规定留置砂浆试块，做好标识。

4）墙体转角处、交接处必须同时砌筑，临时间断处留槎符合以下规范要求：

① 砖砌体的转角处和交接处应同时砌筑，严禁无可靠措施的内外墙分砌施工。在抗震设防烈度为8度及8度以上地区，对不能同时砌筑而又必须留置的临时间断处应砌成斜槎，普通砖砌体斜槎水平投影长度不应小于高度的2/3，多孔砖砌体的斜槎长高比不应小于1/2，混凝土小型空心砌块砌筑墙体斜槎水平投影长度不应小于斜槎高度。斜槎高度不得超过一步脚手架的高度。

② 非抗震设防及抗震设防烈度为6度和7度地区的临时间断处，当不能留斜槎时，除

转角处外，可留直槎，但直槎必须做成凸槎，且应加设拉结钢筋，拉结钢筋应符合规范规定。

5）灰缝厚度及砂浆饱满度符合设计文件规定，并达到以下规范要求：

① 砌体灰缝砂浆应密实饱满，砖墙水平缝的砂浆饱满度不得低于80%；砖柱水平缝和竖向灰缝饱满度不得低于90%。砖砌体组砌方法应确保正确，内外搭砌，上、下错缝。清水墙、窗间墙无通缝；混水墙中不得有长度大于300mm的通缝，长度为200～300mm的通缝每间不超过3处，且不得位于同一面墙体上。砖柱不得采用包心砌法。砖砌体的灰缝应横平竖直，厚薄均匀，水平灰缝厚度及竖向灰缝宽度宜为10mm，但不应小于8mm，也不应大于12mm。

② 混凝土小型空心砌块砌体水平灰缝和竖向灰缝的砂浆饱满度，按净面积计算不得低于90%，砌体的水平灰缝厚度和竖向灰缝的宽度宜为10mm，但不应小于8mm，也不应大于12mm。

③ 填充墙的水平灰缝厚度和竖向灰缝宽度应正确，烧结空心砖、轻骨料小型空心砌块砌体的灰缝应为8～12mm。蒸压加气混凝土砌块采用水泥砂浆、水泥混合砂浆或蒸压加气混凝土砌块砌筑砂浆时，水平灰缝厚度和竖向灰缝宽度不应超过15mm；当蒸压加气混凝土砌块砌体采用蒸压加气混凝土砌块粘结砂浆时，水平灰缝厚度和竖向灰缝宽度应为3～4mm。

6）构造柱、圈梁符合设计文件规定，并达到以下要求：

① 构造柱设置：

A.墙长大于5m时，在砌体填充墙中（遇洞口设在洞口边）设置构造柱。柱间距不应大于5m。

B.当墙长大于层高的2倍时，应设构造柱。

C.按规定需设构造柱处：墙体转角处、砌体丁字交接处、通窗或者连窗的两侧。

② 圈梁设置：

A.当墙高超过4m时，墙体半高应设置与柱连接且沿墙全长贯通的钢筋混凝土圈梁。

B.圈梁应连续地设在同一水平面上，沿纵横墙方向应形成封闭状。当圈梁被门窗洞口截断时，应在洞口上部增设相同截面的附加圈梁。附加圈梁与圈梁的搭接长度不应小于其中垂直间距的2倍，且不得小于1m。

（7）防水工程

1）严禁在防水混凝土拌合物中加水。

2）防水混凝土的节点构造符合设计文件规定，并达到以下要求：

① 墙体水平施工缝应留设在高出底板表面不小于300mm的墙体上，拱、板与墙结合的水平施工缝，应留在拱、板与墙交接处以下150～300mm处；垂直施工缝应避开地下水和裂隙水较多的地段，并应与变形缝相结合。水平和竖向施工缝转角位置采用成品止水钢板。

② 施工缝浇筑混凝土前，应将其表面浮浆和杂物清除，然后铺设净浆、涂刷混凝土

界面处理剂或水泥基渗透结晶型防水涂料，再铺30～50mm厚的1：1水泥砂浆，并及时浇筑混凝土。

③后浇带两侧的接缝表面应先清理干净，再涂刷混凝土界面处理剂或水泥基渗透结晶型防水涂料。

3）中埋式止水带埋设位置符合设计文件规定，并达到以下规范要求：

①中埋式止水带埋设位置应准确，其中间空心圆环与变形缝的中心线应重合。

②中埋式止水带的接缝应设在边墙较高位置上，不得设在结构转角处；接头宜采用热压焊接，接缝应平整、牢固，不得有裂口和脱胶现象。

③中埋式止水带在转弯处应做成圆形；顶板、底板内止水带应安装成盆状，并宜采用专用钢筋套或扁钢固定。

4）水泥砂浆防水层各层之间应结合牢固。

5）地下室卷材防水层的细部做法符合设计文件要求。

6）地下室涂料防水层的厚度和细部做法符合设计文件要求。

7）地面防水隔离层的厚度符合设计文件要求。

8）地面防水隔离层的排水坡度、坡向符合设计文件要求。

9）地面防水隔离层的细部做法符合设计文件规定，并达到以下要求：

①铺设隔离层时，在管道穿过楼板面四周，防水、防油渗材料应向上铺涂，并超过套管的上口；在靠近柱、墙处，应高出面层200～300mm或按设计要求的高度铺涂。阴阳角和管道穿过楼板面的根部应增加铺涂附加防水、防油渗隔离层。

②在水泥类找平层上铺设卷材类、涂料类防水、防油渗隔离层时，其表面应坚固、洁净、干燥。铺设前，应涂刷基层处理剂。基层处理剂应采用与卷材性能相容的配套材料或采用与涂料性能相容的同类涂料的底子油。

③厕浴间和有防水要求的建筑地面必须设置防水隔离层。楼层结构必须采用现浇混凝土或整块预制混凝土板，混凝土强度等级不应小于C20；房间的楼板四周除门洞外应做混凝土翻边，高度不应小于200mm，宽同墙厚，混凝土强度等级不应小于C20。施工时结构层标高和预留孔洞位置应准确，严禁乱凿洞。

④防水隔离层严禁渗漏，排水的坡向应正确、排水畅通。

10）有淋浴设施的墙面的防水高度符合设计文件要求。

11）屋面防水层的厚度符合设计文件要求。

12）屋面防水层的排水坡度、坡向符合设计文件要求。

13）屋面细部的防水构造符合设计文件规定，并达到以下要求：

屋面防水细部构造包括檐口、檐沟和天沟、女儿墙及山墙、水落口、变形缝、伸出屋面管道、屋面出入口、反梁过水孔、设施基座、屋脊、屋顶窗等部位。

①屋面檐口800mm范围内的卷材应满粘，卷材收头应采用金属压条钉压，并应用密封材料封严。涂膜防水屋面檐口的涂膜收头，应用防水涂料多遍涂刷。檐口应抹聚合物水泥砂浆，其下端应做成鹰嘴和滴水槽。

② 檐沟和天沟的防水层下应增设附加层，附加层伸入屋面的宽度不应小于 250mm；檐沟防水层和附加层应由沟底翻上至外侧顶部，卷材收头应用金属压条钉压固定，并应用密封材料封严，涂膜收头应用防水涂料多遍涂刷；檐沟外侧顶部及侧面均应抹聚合物水泥砂浆，其下端应做成鹰嘴或滴水槽。

③ 女儿墙和山墙压顶向内排水坡度不应小于 5%，压顶内侧下端应做成鹰嘴或滴水槽；女儿墙泛水处的防水层下应增设附加层，附加层在平面和立面的宽度不小于 250mm。女儿墙和山墙的卷材应满粘，卷材收头应用金属压条钉压固定，并用密封材料封严，涂膜收头应用防水涂料多遍涂刷。

④ 水落口的数量和位置应符合设计要求，水落口杯应安装牢固。水落口周围直径 500mm 范围内坡度不应小于 5%，水落口周围的附加层铺设应符合设计要求；防水层及附加层伸入水落口杯内不应小于 50mm，并应粘结牢固。

⑤ 变形缝的泛水高度及附加层铺设应符合设计要求。防水层应铺贴或涂刷至泛水墙的顶部。等高变形缝顶部宜加扣混凝土或金属盖板。混凝土盖板的接缝应用密封材料封严；金属盖板应铺钉牢固，搭接缝应顺流水方向，并应做好防锈处理。高低跨变形缝在高跨墙面上的防水卷材封盖和金属盖板应用金属压条钉压固定，并应用密封材料封严。

⑥ 伸出屋面管道的泛水高度及附加层应符合设计要求。伸出屋面管道周围的找平层应抹出高度不小于 30mm 的排水坡；卷材收头应用金属箍固定，并用密封材料封严，涂膜收头应用防水涂料多遍涂刷。

⑦ 屋面垂直出入口防水层收头应压在压顶圈下，附加层铺设符合设计要求。屋面水平出入口防水层收头应压在混凝土踏步下，附加层铺设和护墙应符合设计要求。屋面出入口的返水高度不应小于 250mm。

⑧ 反梁过水孔的孔底标高、孔洞尺寸或预埋管管径，均应符合设计要求。反梁过水孔的孔洞四周应涂刷防水涂料；预埋管道两端周围与混凝土接触处应留凹槽，并应用密封材料封严。

⑨ 设施基座与结构层相连时，防水层应包裹设施基座的上部，并应在地脚螺栓周围做密封处理；设施基座直接放置在防水层时，设施基座下部应增设附加层，必要时应在其上浇筑细石混凝土，其厚度不应小于 50mm。需经常维护的设施基座周围和屋面出入口至设施之间的人行道，应铺设块体材料或细石混凝土保护层。

⑩ 平脊和斜脊铺设应顺直，应无起伏现象。脊瓦应搭盖正确，间距应均匀，封固应严密。

⑪ 屋顶窗用金属排水板、窗框固定铁脚应与屋面连接牢固。屋顶窗用窗口防水材料应铺贴平整，粘结牢固。

14）外墙节点构造防水符合设计文件规定，并达到以下要求；

建筑外墙节点应包括门窗洞口、雨篷、阳台、变形缝、伸出外墙管道、女儿墙压顶、外墙预埋件、预制构件等与外墙的交接部位。

① 雨篷应设置不小于 1% 的外排水坡度，外口下沿应做滴水线。

② 阳台应向水落口设置不小于1%的排水坡度，水落口周边应留槽嵌填密封材料，阳台外口下沿应做滴水线。

③ 变形缝部位应增设合成高分子防水卷材附加层，卷材两端应满粘于墙体，满粘宽度不小于150mm，并应顶压固定，收头应用密封材料密封。

④ 穿过外墙的管道应采用套管，套管应内高外低，坡度不应小于5%，套管周边应做防水密封处理。

⑤ 女儿墙压顶应采用现浇钢筋混凝土或金属压顶，压顶应向内找坡，坡度不应小于5%。

⑥ 对有外保温的外墙应进行墙面整体防水。

⑦ 外墙预埋件四周应用密封材料封闭严密，密封材料与防水层应连续。

15）外窗与外墙的连接处做法符合设计文件规定，并达到以下要求：

① 外窗框与墙体间的缝隙应采用聚合物水泥防水砂浆或发泡聚氨酯填充。

② 外墙防水层应延伸至门窗框，防水层与门窗框间应预留凹槽、嵌填密封材料。

③ 门窗上楣的外口应做滴水处理；外窗台应设置不小于5%的外排水坡度。

（8）装饰装修工程

1）外墙外保温与墙体基层的粘结强度符合设计文件规定，并达到以下要求：

① 外保温工程应能长期承受自重、风荷载和室外气候的长期反复作用且不产生有害的变形和破坏。

② 外墙外保温系统经耐候性试验后，不得出现饰面层起泡或剥落、保护层空鼓或脱落等破坏，不得产生渗water裂缝。具有薄抹面层的外保温系统抹面层与保温层的拉伸粘结强度不得小于0.1MPa，并且破坏部位应位于保温层内。

③ 胶粘剂与保温板的粘结在原强度、浸水48h且干燥7d后的耐水强度条件下发生破坏时，破坏部位应位于保温板内。

④ 抹面胶浆与保温材料的粘结在原强度、浸水48h且干燥7d后的耐水强度条件下发生破坏时，破坏部位应位于保温材料内。

⑤ 保温板材与基层之间及各构造层之间的粘结或连接必须牢固。保温板材与基层的连接方式、拉伸粘结强度和粘结面积比应符合设计要求。保温板材与基层之间的拉伸粘结强度应进行现场拉拔试验，且不得在界面破坏。粘结面积比应进行剥离检验。

⑥ 当采用保温浆料做外保温时，厚度大于20mm的保温浆料应分层施工。保温浆料与基层之间及各层之间的粘结必须牢固，不应脱层、空鼓和开裂。

2）抹灰层与基层之间及各抹灰层之间应粘结牢固。

3）外门窗安装牢固。

4）推拉门窗扇安装牢固，并安装防脱落装置。

5）幕墙的框架与主体结构连接、立柱与横梁的连接应符合设计文件规定，并达到以下要求：

① 幕墙及其连接件应具有足够的承载力、刚度和相对于主体结构的位移能力。当幕

墙构架立柱的连接金属角码与其他连接件采用螺栓连接时，应有防松动措施。

② 幕墙与主体结构连接的各种预埋件，其数量、规格、位置和防腐处理应符合设计要求。

③ 金属与石材幕墙构架的立柱与横梁在风荷载标准值作用下，钢型材的相对挠度不应大于 l/300（l 为立柱或横梁两支点间的跨度），绝对挠度不应大于15mm；铝合金型材的相对挠度不应大于 l/180，绝对挠度不应大于 20mm。

④ 金属与石材幕墙横梁应通过角码、螺钉或螺栓与立柱连接，角码应能承受横梁的剪力。螺钉直径不得小于 4mm，每处连接螺钉数量不应少于 3 个，螺栓不应少于 2 个。横梁与立柱之间应有一定的相对位移能力。

⑤ 金属与石材幕墙立柱应采用螺栓与角码连接，并再通过角码与预埋件或钢构件连接。螺栓直径不应小于 10mm。立柱与角码采用不同金属材料时应采用绝缘垫片分隔。

⑥ 金属与石材幕墙连接件的螺栓、焊缝强度和局部承压计算，应符合现行国家标准《钢结构设计标准》GB 50017—2017的有关规定。

⑦ 金属与石材幕墙当立柱与主体结构间留有较大间距时，可在幕墙与主体结构之间设置过渡钢桁架或钢伸臂，钢桁架或钢伸臂与主体结构应可靠连接，幕墙与钢桁架或钢伸臂也应可靠连接。

⑧ 金属、石材幕墙与主体结构连接的预埋件，应在主体结构施工时按设计要求埋设。预埋件应牢固，位置准确，预埋件的位置误差应按设计要求进行复查。当设计无明确要求时，预埋件的标高偏差不应大于 10mm，预埋件位置偏差不应大于 20mm。

⑨ 玻璃幕墙的连接部位，应采取措施防止产生摩擦噪声。构件式幕墙的立柱与横梁连接处应避免刚性接触，可设置柔性垫片或预留 1 ～ 2mm 的间隙，间隙内填胶；隐框幕墙采用挂钩式连接固定玻璃组件时，挂钩接触面应设置柔性垫片。

⑩ 玻璃幕墙构件连接处的连接件、焊缝、螺栓、铆钉设计，应符合国家现行标准的有关规定。连接处的受力螺栓、铆钉不应少于2个。

玻璃幕墙立柱与主体混凝土结构应通过预埋件连接，预埋件应在主体结构混凝土施工时埋入，预埋件的位置应准确；当没有条件采用预埋件连接时，应采用其他可靠的连接措施，并通过试验确定其承载力。

幕墙与砌体结构连接时，应在连接部位的主体结构上增设钢筋混凝土或钢结构梁、柱。轻质填充墙不应作为幕墙的支承结构。玻璃幕墙上、下立柱之间应留有不小于 15mm 的缝隙，闭口型材可采用长度不小于 250mm 的芯柱连接，芯柱与立柱应紧密配合。芯柱与上柱或下柱之间应采用机械连接方法加以固定。开口型材上柱与下柱之间可采用等强型材机械连接。

6）幕墙所采用的结构粘结材料符合设计文件规定，并达到以下要求：

① 硅酮结构密封胶和硅酮建筑密封胶必须在有效期内使用。

② 硅酮结构密封胶使用前，应经国家认可的检测机构进行与其相接触材料的相容性和剥离粘结性试验，并应对邵氏硬度、标准状态拉伸粘结性能进行复验。检验不合格的产

品不得使用。进口硅酮结构密封胶应具有商检报告。

③ 硅酮结构密封胶的粘结宽度应大于厚度，但不应大于厚度的 2 倍。隐框玻璃幕墙的硅酮结构密封胶的粘结厚度不应大于12mm。

④ 硅酮结构密封胶应根据不同的受力情况进行承载力极限状态验算。在风荷载、水平地震作用下，硅酮结构密封胶的拉应力或剪应力设计值不应大于其强度设计值f_1，f_1应取 $0.2N/mm^2$；在永久荷载作用下，硅酮结构密封胶的拉应力或剪应力设计值不应大于其强度设计值f_2，f_2应取 $0.01N/mm^2$。

⑤ 采用胶缝传力的全玻幕墙，其胶缝必须采用硅酮结构密封胶。

⑥ 隐框和半隐框玻璃幕墙，其玻璃与铝型材的粘结必须采用中性硅酮结构密封胶；全玻幕墙和点支承幕墙采用镀膜玻璃时，不应采用酸性硅酮结构密封胶粘结。

⑦ 玻璃幕墙的耐候密封应采用硅酮建筑密封胶；点支承幕墙和全玻幕墙使用非镀膜玻璃时，其耐候密封可采用酸性硅酮建筑密封胶。夹层玻璃板缝间的密封，应采用中性硅酮建筑密封胶。

⑧ 构件式玻璃幕墙中硅酮建筑密封胶的施工厚度应大于3.5mm，施工宽度不应小于施工厚度的 2 倍；较深的密封槽口底部应采用聚乙烯发泡材料填塞；硅酮建筑密封胶在接缝内应两对面粘结，不应三面粘结。

⑨ 同一幕墙工程应采用同一品牌的单组分或双组分的硅酮结构密封胶，并应有保质年限的质量证书。用于石材幕墙的硅酮结构密封胶还应有证明无污染的试验报告。同一幕墙工程应采用同一品牌的硅酮结构密封胶和硅酮耐候密封胶配套使用。

7）使用安全玻璃时应符合设计文件规定，并达到以下要求：

① 有防火要求的幕墙玻璃，应根据防火等级要求，采用单片防火玻璃或其制品。

② 框支承玻璃幕墙，应采用安全玻璃。点支承玻璃幕墙的面板玻璃应采用钢化玻璃。采用玻璃肋支承的点支承玻璃幕墙，其玻璃肋应采用钢化夹层玻璃。

③ 人员流动密度大、青少年或幼儿活动的公共场所以及使用中容易受到撞击的部位，其玻璃幕墙应采用安全玻璃。

④ 当隐框玻璃幕墙采用悬挑玻璃时，玻璃的悬挑尺寸应符合计算要求，且不应超过150mm。

⑤ 屋面玻璃或雨篷玻璃必须使用夹层玻璃或夹层中空玻璃，其胶片厚度不应小于0.76mm。

⑥ 地板玻璃必须采用夹层玻璃，点支承地板玻璃必须采用钢化夹层玻璃。

⑦ 室内隔断应使用安全玻璃。

⑧ 玻璃隔墙工程所用材料的品种、规格、图案、颜色和性能应符合设计要求。玻璃隔墙应使用安全玻璃。

⑨ 面层材料的材质、品种、规格、图案、颜色和性能应符合设计要求及国家现行标准的有关规定。当面层材料为玻璃板时，应使用安全玻璃并采取可靠的安全措施。

8）重型灯具等重型设备严禁安装在吊顶工程的龙骨上。

9）饰面砖粘贴牢固。

10）饰面板安装符合设计文件规定，并达到以下要求：

① 饰面板工程的防震缝、伸缩缝、沉降缝等部位的处理应保证缝的使用功能和饰面的完整性。

② 饰面板表面应平整，洁净、色泽一致，无裂痕和缺损。

③ 饰面板上的孔洞应套割吻合，边缘应整齐。饰面板安装应牢固。

④ 石板、陶瓷板安装工程的预埋件（或后置埋件）、连接件的材质数量、规格、位置、连接方法和防腐处理应符合设计要求。后置埋件的现场拉拔力应符合设计要求。

⑤ 采用满粘法施工的石板工程、陶瓷板工程，面板与基层之间的粘结料应饱满、无空鼓。粘结应牢固。

⑥ 木板、金属板、塑料板安装工程的龙骨、连接件的材质、数量、规格、位置、连接方法和防腐处理应符合设计要求。

11）护栏安装符合设计文件规定，并达到以下要求：

① 护栏制作与安装所使用材料的材质、规格、数量和木材、塑料的燃烧性能等级应符合设计要求。

② 护栏安装预埋件的数量、规格、位置以及护栏与预埋件的连接节点应符合设计要求。

③ 护栏高度、栏杆间距、安装位置应符合设计要求。护栏安装应牢固。

④ 栏板玻璃的使用应符合设计要求和现行行业标准《建筑玻璃应用技术规程》JGJ 113 的规定。

⑤ 栏杆转角弧度应符合设计要求，接缝应严密，表面应光滑，色泽应一致，不得有裂缝、翘曲及损坏。

⑥ 阳台、外廊、室内回廊、内天井、上人屋面及室外楼梯等临空处应设置防护栏杆。

⑦ 当临空高度在 24.0m 以下时，栏杆高度不应低于 1.05m；当临空高度在 24.0m 及以上时，栏杆高度不应低于 1.1m。上人屋面和交通、商业、旅馆、医院、学校等建筑临开敞中庭的栏杆高度不应小于 1.2m。

⑧ 栏杆高度应从所在楼地面或屋面至栏杆扶手顶面垂直高度计算，当底面有宽度大于或等于 0.22m，且高度低于或等于 0.45m 的可踏部位时，应从可踏部位顶面起算。

⑨ 公共场所栏杆离地面 0.1m 高度范围内不应留空。

⑩ 住宅、托儿所、幼儿园、中小学及其他少年儿童专用活动场所的栏杆必须采取防止攀爬的构造。当采用垂直杆件做栏杆时，其杆件净间距不应大于 0.11m。

（9）给水排水及供暖工程

1）管道安装符合设计文件规定，达到以下要求：

① 给水管道安装

A.给水管道必须采用与管材相适应的管件。生活给水系统所涉及的材料必须达到饮用水卫生标准。生活给水系统管道在交付使用前必须冲洗和消毒，并经有关部门取样试验，符合现行国家标准《生活饮用水卫生标准》GB 5749方可使用。

B.管径小于或等于 100mm 的镀锌钢管应采用螺纹连接，套丝扣时破坏的镀锌层表面及外露螺纹部分应做防腐处理；管径大于 100mm 的镀锌钢管应采用法兰或卡套式专用管件连接，镀锌钢管与法兰的焊接处应二次镀锌。

C.室内给水管道的水压试验必须符合设计要求。当设计未注明时，各种材质的给水管道系统试验压力均为工作压力的1.5倍，但不得小于0.6MPa。

D.给水系统交付使用前必须进行通水试验并做好记录。

E.给水引入管与排水排出管的水平净距不得小于1m。室内给水与排水管道平行敷设时，两管间的最小水平净距不得小于0.5m；交叉铺设时，垂直净距不得小于0.15m。给水管应铺在排水管上面，若给水管必须铺在排水管的下面时，给水管应加套管，其长度不得小于排水管管径的3倍。

F.给水水平管道应有 2‰～5‰ 的坡度坡向泄水装置。

G.冷、热水管道同时安装应符合下列规定：

a.上、下平行安装时热水管应在冷水管上方；

b.垂直平行安装时热水管应在冷水管左侧。

② 排水管道安装

A.隐蔽或埋地的排水管道在隐蔽前必须做灌水试验，其灌水高度不应低于底层卫生器具的上边缘或底层地面高度。

B.生活污水塑料管道的坡度必须符合设计或规范要求。

C.排水塑料管必须按设计要求及位置装设伸缩节。如设计无要求时伸缩节间距不得大于4m。

D.高层建筑中明设排水塑料管道应按设计要求设置阻火圈或防火套管。

E.排水管道的坡度必须符合设计要求，严禁无坡或倒坡。

F.排水主立管及水平干管管道均应做通球试验，通球球径不小于排水管道管径的2/3，通球率必须达到100%。

③ 雨水管道安装

A.安装在室内的雨水管道安装后应做灌水试验，灌水高度必须达到每根立管上部的雨水斗。悬吊式雨水管道的敷设坡度不得小于5‰。

B.雨水管道不得与生活污水管道相连接。

④ 供暖管道安装

A.焊接钢管的连接，管径小于或等于32mm，应采用螺纹连接；管径大于32mm采用焊接。

B.管道安装坡度，当设计未注明时，应符合下列规定：

a.气、水同向流动的热水采暖管道和气、水同向流动的蒸汽管道及凝结水管道，坡度应为3‰，不得小于2‰；

b.气、水逆向流动的热水采暖管道和气、水逆向流动的蒸汽管道，坡度不应小于5‰。

C.散热器支管的坡度应为1%，坡向应利于排气和泄水。

D.散热器支管长度超过1.5m时，应在支管上安装管卡。

E.膨胀水箱的膨胀管及循环管上不得安装阀门。

F.管道、金属支架和设备的防腐和涂漆应附着良好，无脱皮、起泡、流淌和漏涂缺陷。

G.地面下敷设的盘管埋地部分不应有接头。

H.加热盘管弯曲部分不得出现硬折弯现象，曲率半径应符合下列规定：塑料管：不应小于管道外径的8倍；复合管：不应小于管道外径的5倍；加热盘管间距偏差不大于±10mm。

I.盘管隐蔽前必须进行水压试验。试验压力为工作压力的1.5倍，但不小于0.6MPa。

2）地漏水封深度符合设计文件规定，达到以下规范要求：

① 排水栓和地漏的安装应平正、牢固，低于排水表面，周边无渗漏。地漏水封高度不得小于50mm。

② 严禁采用钟罩（扣碗）式地漏。

3）PVC管道的阻火圈、伸缩节等附件安装符合设计文件规定，达到以下要求：

① 排水塑料管必须按设计要求及位置装设伸缩节，如设计无要求时，伸缩节间距不得大于4mm。

② 当建筑塑料排水管穿越楼层、防火墙、管道井井壁时，应根据建筑物性质、管径和设置条件以及穿越部位防火等级等要求设置阻火装置。

③ 高层建筑中明设排水塑料管道应按设计要求设置阻火圈或防火套管。

4）管道穿越楼板、墙体时的处理符合设计文件规定，达到以下要求：

① 地下室或地下构筑物外墙有管道穿过的，应采取防水措施。对有严格防水要求的建筑物，必须采用柔性防水套管。

② 管道穿过墙壁和楼板，应设置金属或塑料套管。

③ 安装在楼板内的套管，其顶部应高出装饰地面20mm；安装在卫生间及厨房内的套管，其顶部应高出装饰地面50mm，底部应与楼板底面相平；安装在墙壁内的套管其两端与饰面相平。穿过楼板的套管与管道之间缝隙应用阻燃密实材料和防水油膏填实，端面光滑。穿墙套管与管道之间缝隙宜用阻燃密实材料填实，且端面应光滑。管道的接口不得设在套管内。

5）室内、外消火栓安装符合设计文件规定，达到以下要求：

① 室内消火栓系统安装完成后应取屋顶层（或水箱间内）试验消火栓和首层取二处消火栓做试射试验，达到设计要求为合格。

② 箱式消火栓的安装，栓口应朝外，并不应安装在门轴侧；栓口中心距地面为1.1m，允许偏差为±20mm；阀门中心距箱侧面为140mm，距箱后内表面为100mm，允许偏差为±5mm；消火栓箱体安装的垂直度允许偏差为3mm。安装消火栓水龙带，水龙带与水枪和快速接头绑扎好后，应根据箱内构造将水龙带挂在箱内挂钉、托盘或支架上。

③ 当室内消火栓因美观要求需要隐蔽安装时，应有明显的标志，并应便于开启使用。

④ 室外消火栓系统必须进行水压试验，试验压力为工作压力的 1.5 倍，但不得小于 0.6MPa；消防水泵接合器和消火栓的位置标志应明显，栓口的位置应方便操作。消防水泵接合器和室外消火栓当采用墙壁式时，如设计未要求，进、出水栓口的中心安装高度距地面应为 1.10m，其上方应设有防坠落物打击的措施。

⑤ 室外消火栓和消防水泵接合器的各项安装尺寸应符合设计要求，栓口安装高度允许偏差为 ±20mm。地下式消防水泵接合器顶部进水口或地下式消火栓的顶部出水口与消防井盖底面的距离不得大于 400mm，井内应有足够的操作空间，并设爬梯。寒冷地区井内应做防冻保护。消防水泵接合器的安全阀及止回阀安装位置和方向应正确，阀门启闭应灵活。

6）水泵安装牢固，平整度、垂直度等符合设计文件规定，达到以下要求：

① 水泵就位前，基础混凝土强度、坐标、标高、尺寸和螺栓孔位置必须符合设计规定。

② 水泵试运转的轴承温升必须符合设备说明书的规定。立式水泵的减振装置不应采用弹簧减振器。

③ 离心式水泵安装的允许偏差应符合以下规定：离心式水泵，立式泵体垂直度（每米）允许偏差为 0.1mm；卧式泵体水平度（每米）允许偏差为 0.1mm。联轴器同心度，轴向倾斜（每米）允许偏差为 0.8mm；径向位移（每米）允许偏差为 0.1mm。

7）仪表安装符合设计文件规定，达到以下要求：

① 仪表安装前应按设计文件核对其位号、型号、规格、材质和附件。

② 仪表的选型参数应当正确，供热锅炉系统压力表的刻度极限值，应大于或等于工作压力的 1.5 倍，表盘直径不得小于 100mm。

③ 仪表在安装和使用前应进行检查、校准和试验。

④ 仪表铭牌和仪表位号标识应齐全、牢固、清晰。

⑤ 热量表、疏水器、除污器、过滤器及阀门的型号、规格、公称压力及安装位置应符合设计要求。

⑥ 阀门应安装在便于观察和维护的位置。阀门体型较大、重量较重或当管径 ≥150mm，应在阀门处单独设置支架。阀门安装后，应对其进行常开或常关标识。

⑦ 设计文件规定需要脱脂的仪表，应经脱脂检查合格后安装。

⑧ 直接安装在管道上的仪表，宜在管道吹扫后安装。当与管道同时安装时，在管道吹扫前应将仪表拆下。

8）生活水箱安装符合设计文件规定，达到以下要求：

① 水箱的选型和材料规格符合设计要求。

② 敞口水箱的满水试验和密闭水箱（罐）的水压试验必须符合设计与规范的规定；敞口水箱的满水试验需静置 24h 观察，不渗不漏；密闭水箱（罐）的水压试验在试验压力下 10min 压力不降，不渗不漏。水箱在使用前应进行消毒。

③ 水箱支架或底座安装，其尺寸及位置应符合设计规定，埋设平整牢固。

④ 水箱溢流管和泄放管应设置在排水地点附近，但不得与排水管直接连接，出口应设网罩。

9）气压给水或稳压系统应设置安全阀。

（10）通风与空调工程

1）风管材质、加工的强度和严密性符合设计文件规定，达到以下要求：

风管加工质量应通过工艺性的检测或验证，强度和严密性要求应符合下列规定：

① 风管在试验压力保持5min及以上时，接缝处应无开裂，整体结构应无永久性的变形及损伤。试验压力应符合下列规定：

A.低压风管应为1.5倍的工作压力。

B.中压风管应为1.2倍的工作压力，且不低于750Pa。

C.高压风管应为1.2倍的工作压力。

② 矩形金属风管的严密试验，在工作压力下的风管允许漏风量符合以下规定：

A.低压风管，允许漏风量 $Q_1 \leq 0.1056P^{0.65}$[m³/（h·m²）]

B.中压风管，允许漏风量 $Q_m \leq 0.0352P^{0.65}$[m³/（h·m²）]

C.高压风管，允许漏风量 $Q_1 \leq 0.0117P^{0.65}$[m³/（h·m²）]

③ 低压、中压圆形金属与复合材料风管，以及采用非法兰形式的非金属风管的允许漏风量，应为矩形金属风管规定值的50%。

④ 砖、混凝土风道的允许漏风量不应大于矩形金属低压风管规定值的1.5倍。

⑤ 排烟、除尘、低温送风及变风量空调系统风管的严密性应符合中压风管的规定，N1～N5级净化空调系统风管的严密性应符合高压风管的规定。

⑥ 风管系统工作压力绝对值不大于125Pa的微压风管，在外观和制造工艺检验合格的基础上，不应进行漏风量的验证测试。

⑦ 输送剧毒类化学气体及病毒的实验室通风与空调风管的严密性能应符合设计要求。

⑧ 金属风管法兰的焊缝应熔合良好；铆接连接时，铆接应牢固，翻边应平整、宽度应一致，且不应小于6mm，法兰平面度的允许偏差为2mm，同批量加工的相同规格法兰的螺孔排列应一致，并具有互换性。

2）防火风管和排烟风管使用的材料必须为不燃材料。

① 防火风管的本体、框架与固定材料、密封垫料等必须采用不燃材料，防火风管的耐火极限时间应符合系统防火设计的规定。

② 排烟管道应采用不燃材料制作且内壁应光滑。排烟管道的厚度符合设计、标准规范的有关规定。

③ 防排烟系统的柔性短管必须采用不燃材料。

3）风机盘管和管道的绝热材料进场时，应取样复试合格。

① 风机盘管机组和绝热材料进场时，应对其技术性能参数进行复验，复验应为见证取样送检。

A.风机盘管机组的供冷量、供热量、风量、出口静压、噪声及功率。

B.绝热材料的导热系数、密度、吸水率。

② 现场随机抽样送检；核查复验报告。同一厂家的风机盘管机组按数量复验 2%，但不得少于 2 台；同一厂家同材质绝热材料复验次数不得少于 2 次。

③ 风机盘管机组的供冷量、供热量、风量、出口静压、噪声及功率复检结果应满足设计要求；绝热材料的导热系数、密度、吸水率复检结果应满足设计要求。

4）风管系统的支架、吊架、抗震支架的安装符合设计文件，达到以下要求：

① 风管系统的支、吊架安装

A.预埋件位置应正确、牢固可靠，埋入部分应去除油污，且不得涂漆。

B.风管直径大于 2000mm 或边长大于 2500mm 风管的支、吊架的安装要求，应按设计要求执行。

C.金属风管水平安装，直径或边长小于等于 400mm 时，支、吊架间距不应大于 4m；大于 400mm 时，间距不应大于 3m。螺旋风管的支、吊架的间距可为 5m 与 3.75m；薄钢板法兰风管的支、吊架间距不应大于 3m。垂直安装时，应设置至少 2 个固定点，支架间距不应大于 4m。

D.支、吊架的设置不应影响阀门、自控机构的正常动作，且不应设置在风口、检查门处，离风口和分支管的距离不宜小于 200mm。

E.悬吊的水平主、干风管直线长度大于 20m 时，应设置防晃支架或防止摆动的固定点。

F.矩形风管的抱箍支架，折角应平直，抱箍应紧贴风管，圆形风管的支架应设托座或抱箍，圆弧应均匀，且应与风管外径一致。

G.风管或空调设备使用的可调节减振支、吊架，拉伸或压缩量应符合设计要求。

H.不锈钢板、铝板风管与碳素钢支架的接触处，应采取隔绝或防腐绝缘措施。

I.边长（直径）大于 1250mm 的弯头，三通等部位应设置单独的支、吊架。

② 抗震支、吊架安装

A.抗震支、吊架整体安装间距应符合设计要求，其偏差不应大于 0.2m。抗震支、吊架斜撑与吊架安装距离应符合设计要求，并不得大于 0.1m。抗震支、吊架斜撑竖向安装角度应符合设计要求，且不得小于 30°。

B.抗震支、吊架与结构的连接、吊杆与槽钢的连接、槽钢螺母与连接件的扭矩应符合设计要求，安装应牢固。抗震支、吊架应和结构主体可靠连接，与钢筋混凝土结构应采用锚栓连接，与钢结构应采用焊接或螺栓连接。

C.抗震支、吊架构件表面应平整、洁净、无起泡、分层现象。抗震支、吊架整体表面、侧面应平整，无明显压扁或局部变形等缺陷。

5）风管穿过墙体或楼板时，应按要求设置套管并封堵密实。

① 当风管穿过需要封闭的防火、防爆的墙体或楼板时，必须设置厚度不小于 1.6mm 的钢制防护套管；风管与保护套管之间应采用不燃柔性材料封堵严密。

②外保温风管必须穿越封闭的墙体时，应加设套管。

③输送含有易燃、易爆气体的风管系统通过生活区或其他辅助生产房间时不得设置接口。

6）水泵、冷却塔的技术参数和产品性能符合设计文件要求。

①水泵、冷却塔的技术参数和产品性能参数，如水泵流量、扬程、功率、效率、噪声等，冷却塔进出水温降、循环水量、噪声、存水容积、电机功率等应满足设计及规范要求。

②水泵、冷却塔本体安装及连接附属管道、部件及设备安装应满足设计及规范要求。管道与水泵的连接应采用柔性接管，且应为无应力状态，不得有强行扭曲、强制拉伸等现象。

③水泵、冷却塔设备试运行不应小于2h，运行应无异常，调试结果应满足规范及设计要求。

7）空调水管道系统应进行强度和严密性试验。

空调水管道系统安装完毕，外观检查合格后，应按设计要求进行水压试验。当设计无要求时，应符合以下规范规定：

①冷（热）水、冷却水与蓄能（冷、热）系统的试验压力，当工作压力小于或等于1.0MPa时，应为1.5倍的工作压力，最低不应小于0.6MPa；当工作压力大于1.0MPa时，应为工作压力加0.5MPa。

②系统最低点压力升至试验压力后，应稳压10min，压力下降不应大于0.02MPa，然后应将系统压力降至工作压力，外观检查无渗漏为合格。对于大型、高层建筑等垂直位差较大的冷（热）水、冷却水管道系统，当采用分区、分层试压时，在该部位的试验压力下，应稳压10min，压力不得下降，再将系统压力降至该部位的工作压力，在60min内压力不得下降、外观检查无渗漏为合格。

③各类耐压塑料管的强度试验压力（冷水）应为1.5倍的工作压力，且不应小于0.9MPa；严密性试验压力应为1.15倍的设计工作压力。

④凝结水系统采用通水试验，应以不渗漏，排水通畅为合格。

8）空调制冷系统、空调水系统与空调风系统的联合试运转及调试符合设计文件，如空调区域温度、风口风速、噪声等。达到以下要求：

①通风与空调工程系统无生产负荷的联合试运转及调试，应在制冷设备和通风与空调设备单机试运转合格后进行。

②系统非设计满负荷条件下的联合试运转及调试应符合下列规定：系统总风量调试结果与设计风量的允许偏差应为-5%～+10%，建筑内各区域的压差应符合设计要求。

③变风量空调系统联合调试应符合下列规定：

A.系统空气处理机组应在设计参数范围内对风机实现变频调速。

B.空气处理机组在设计机外余压条件下，系统总风量应满足要求，新风量的允许偏差应为0～10%。

C.变风量末端装置的最大风量调试结果与设计风量的允许偏差应为0～15%。

D.改变各空调区域运行工况或室内温度设定参数时，该区域变风量末端装置的风阀（风机）动作（运行）应正确。

E.改变室内温度设定参数或关闭部分房间空调末端装时，空气处理机组应自动正确地改变风量。

F.应正确显示系统的状态参数。

④ 空调冷（热）水系统、冷却水系统的总流量与设计流量的差不应大于10%。

⑤ 制冷（热泵）机组进出口处的水温应符合设计要求。

⑥ 空调制冷系统、空调水系统与空调风系统的非设计满负荷条件下的联合试运转及调试，正常运转不应少于8h，除尘系统不应少于2h。

⑦ 联合试运行与调试不在制冷期或采暖期时，仅做不带冷（热）源的试运行与调试，并且应在第一个制冷期或采暖期内补做。

9）防排烟系统联合试运行与调试后的结果符合设计文件规定，防排烟系统联合试运行与调试的结果（风量及正压），必须符合设计与消防的规定。系统调试应在系统施工完成及与工程有关的火灾自动报警系统及联动控制设备调试合格后进行。

（11）建筑电气工程

1）除临时接地装置外，接地装置应采用热镀锌钢材。

① 除临时接地装置外，接地装置应采用热镀锌钢材，不应采用铝导体作为接地极或接地线。当完全埋在混凝土中时才可采用裸钢。

② 接地装置的焊接应采用搭接焊，除埋设在混凝土中的焊接接头外，应采取防腐措施。

2）接地（PE）或接零（PEN）支线应单独与接地（PE）或接零（PEN）干线相连接。

① 接地（PE）或接零（PEN）支线应单独与接地（PE）或接零（PEN）干线相连接，不得串联连接。

② 接地干线在穿越墙壁、楼板和地坪处应加套钢管或其他坚固的保护套管，接地干线跨越建筑物变形缝时，应采取补偿措施。

③ 接地干线连接应可靠。接地干线搭接焊，螺栓搭接连接的钻孔直径和搭接长度以及连接螺栓的力矩值应符合规范规定。

3）接闪器与防雷引下线、防雷引下线与接地装置应可靠连接。

① 接闪器、防雷引下线的布置、安装数量和连接方式应符合设计要求。

② 接闪器与防雷引下线必须采用焊接或卡接器连接，防雷引下线与接地装置必须采用焊接或螺栓连接。

③ 当利用建筑物金属屋面或屋顶上旗杆、栏杆、装饰物、铁塔、女儿墙上的盖板等永久性金属物做接闪器时，其材质及截面应符合设计要求，建筑物金属屋面板间的连接、永久性金属物各部件之间的连接应可靠、持久。

④ 当接闪带或接闪网跨越建筑物变形缝时，应采取补偿措施。

4）电动机等外露可导电部分应与保护导体可靠连接。

① 电动机等电气设备的外露可导电部分应单独与保护导体相连接，不得串联连接，连接导体的材质、截面应符合设计要求。

② 采用螺栓连接时，其螺栓、垫圈、螺母等应为热镀锌制品，防松零件齐全，且应连接牢固。

5）母线槽与分支母线槽应与保护导体可靠连接。

母线槽与分支母线槽的金属外壳等外露可导电部分应与保护导体直接连接，不得串联连接，并应符合下列规定：

① 每段母线槽的金属外壳间应连接可靠，且母线槽全长与保护导体可靠连接不应少于2处。

② 分支母线槽的金属外壳末端应与保护导体可靠连接。

③ 连接导体的材质、截面积应符合设计要求。

④ 采用螺栓连接时，其螺栓、垫圈、螺母等应为热镀锌制品，防松零件齐全，且应连接牢固。

6）金属梯架、托盘或槽盒本体之间的连接符合设计文件规定，达到以下要求：

① 金属梯架、托盘或槽盒应与保护导体直接连接，不得串联连接，连接导体的材质、截面积应符合设计要求。

② 采用螺栓连接时，其螺栓、垫圈、螺母等应为热镀锌制品，防松零件齐全，且应连接牢固。

③ 金属梯架、托盘或槽盒本体之间的连接应牢固可靠，与保护导体的连接应符合下列规定：

A.梯架、托盘和槽盒全长不大于30m时，不应少于2处与保护导体可靠连接；全长大于30m时，每隔20～30m应增加一个连接点，起始端和终点端均应可靠接地。

B.非镀锌梯架、托盘和槽盒本体之间连接板的两端应跨接保护联结导体，保护联结导体的截面积应符合设计要求。

C.镀锌梯架、托盘和槽盒本体之间不跨接保护联结导体时，连接板每端不应少于2个有防松螺母或防松垫圈的连接固定螺栓。

④ 当直线段钢制或塑料梯架、托盘和槽盒长度超过30m，铝合金或玻璃钢制梯架、托盘和槽盒长度超过15m时，应设置伸缩节；当梯架、托盘和槽盒跨越建筑物变形缝处时，应设置补偿装置。

⑤ 梯架、托盘和槽盒与支架间及与连接板的固定螺栓应紧固无遗漏，螺母应位于梯架、托盘和槽盒外侧；当铝合金梯架、托盘和槽盒与钢支架固定时，应有相互间绝缘的防电化腐蚀措施。

7）交流单芯电缆或分相后的每相电缆不得单根独穿于钢导管内，固定用的夹具和支架不应形成闭合磁路。

① 电缆敷设时，交流单芯电缆或分相后的每相电缆不得单根独穿于钢导管内，固定

用的夹具和支架不应形成闭合磁路。

② 交流单芯电缆敷设应采取下列防涡流措施：

A.电缆应分回路进出钢制配电箱（柜）、桥架。

B.电缆不应采用金属件固定或金属线绑扎，且不得形成闭合铁磁回路。

C.当电缆穿过钢管（钢套管）或钢筋混凝土楼板、墙体的预留洞时，电缆应分回路敷设。

8）灯具的安装符合设计文件，达到以下要求。

① 灯具的固定应符合下列规定：

A.灯具重量大于3kg时，固定在螺栓或预埋吊钩上。

B.软线吊灯、灯具重量在0.5kg及以下时，采用软电线自身吊装。

C.大于0.5kg的灯具采用吊链，且软电线编叉在吊链内，使电线不受力。

D.灯具固定牢固可靠，不使用木楔。每个灯具固定用螺钉或螺栓不少于2个；当绝缘台直径在75mm及以下时，采用1个螺钉或螺栓固定。

E.花灯吊钩圆钢直径不应小于灯具挂销直径，且不应小于6mm。大型花灯的固定及悬吊装置，应按灯具重量的2倍做过载试验。

F.当钢管做灯杆时，钢管内径不应小于10mm，钢管厚度不应小于1.5mm。

② 固定灯具带电部件的绝缘材料以及提供防触电保护的绝缘材料，应耐燃烧和防明火。

③ 危险性较大及特殊危险场所，当灯具距地面高度小于2.4m时，使用额定电压为36V及以下的照明灯具，或有专用保护措施。

④ 当灯具距地面高度小于2.4m时，灯具的可接近裸露导体必须接地（PE）或接零（PEN）可靠，并应有专用接地螺栓，且有标识。

（12）智能建筑工程

1）紧急广播系统应按规定检查防火保护措施。

① 紧急广播系统的传输线缆、槽盒、导管应采取防火保护措施，根据情况采用防火材料包裹、涂刷防火涂料等形式。紧急广播系统回路暗配时，线管应敷设在不燃结构内，线管表面保护层厚度不少于30mm，其他弱电线管暗配时表面保护层厚度不少于15mm。

② 紧急广播系统、火灾自动报警系统及其他消防应急系统回路的线缆应具有相应的耐火性能，以保证火灾时可靠工作。

③ 当广播系统具备消防应急广播功能时，应采用阻燃线槽、阻燃线管和阻燃线缆敷设。

④ 火灾隐患地区使用的紧急广播传输线路及其线槽（或线管）应采用阻燃材料。

2）火灾自动报警系统的主要设备应是通过国家认证（认可）的产品。

设备的产品名称、型号、规格应满足设计要求，实体与检验报告一致，设备和终端等产品实体应有认证（认可）证书和认证（认可）标识；有序列号的产品，序列号应清晰可见且可溯源。

3）火灾探测器不得被其他物体遮挡或掩盖。

① 点型火灾探测器周围水平距离 0.5m 内不应有遮挡物；探测器至空调送风口最近边的水平距离不应小于 1.5m，至多孔送风顶棚孔口的水平距离不应小于 0.5m。

② 线型红外光束感烟火灾探测器安装时，发射器与接收器间的距离不应超过 100m 或产品说明书要求，两者间光路上无遮挡物或干扰源。

4）消防系统的线槽、导管的防火涂料应涂刷均匀。符合下列要求：

① 消防配电线路明敷时（包括敷设在吊顶内），应穿金属导管或采用封闭式金属槽盒保护，金属导管或封闭式金属槽盒应采取防火保护措施，保护措施一般可采取包覆防火材料或涂刷防火涂料。

② 根据防火涂料产品参数要求，结合建筑物防火设计要求进行涂刷，需要多涂刷的应待前一层干透后再施工后一层，完成后的涂料层应均匀，厚度满足防火时限要求。

5）当与电气工程共用线槽时，应与电气工程的导线、电缆有隔离措施。

消防与非消防系统回路、同一系统不同电压、电流形式的线缆应在不同桥架内敷设，如条件所限共用线槽时，所有绝缘电线和电缆应具有与最高标称电压回路相同的绝缘等级，分别敷设在以不燃挡板分隔的不同槽孔内，或采取其他隔离措施，穿越导管时也不应穿过同一线管。

4. 质量控制点重点控制对象

（1）人的行为。对某些工序或操作，应以人为重点进行控制。

（2）物的状态。对某些工序或操作，应以物为监控重点。

（3）材料的质量与性能。

（4）关键的操作要点。

（5）施工技术参数。

（6）施工顺序。

（7）技术间歇。

（8）易发生或常见的施工质量通病。

（9）新工艺、新技术、新材料的应用。

（10）产品质量不稳定、不合格率较高的工序应列为重点，掌握数据、仔细分析、查明原因、严格控制。

（11）易对工程质量产生重大影响的施工方法。

（12）特殊地基或特种结构。

二、图纸会审与设计交底

1. 图纸会审

图纸会审是建设单位、监理单位、施工单位等相关单位，在收到施工图审查机构审查合格的施工图设计文件后，在设计交底前进行的全面细致的熟悉和审查施工图纸的活动。建设单位应及时主持召开图纸会审会议，组织监理、施工等单位相关人员进行图纸会审，并整理成会审问题清单，由建设单位在设计交底前约定的时间内提交设计单位。图纸会审由施工单位整理会议纪要，与会各方会签。

总监理工程师组织监理人员熟悉工程设计文件，是项目监理机构实施事前质量控制的一项重要工作。监理人员应重点熟悉：设计的主导思想与设计构思，采用的设计规范、各专业设计说明等以及工程设计文件对主要工程材料、构配件和设备的要求，对所采用的新材料、新工艺、新技术、新设备的要求，对施工技术的要求，以及涉及工程质量、施工安全应特别注意的事项等。

图纸会审的内容一般包括：

（1）审查设计图纸是否满足项目立项的功能、技术可靠、安全、经济适用的需求；

（2）图纸是否已经审查机构签字、盖章；

（3）地质勘探资料是否齐全，设计图纸与说明是否齐全，设计深度是否达到规范要求；

（4）设计地震烈度是否符合当地要求；

（5）总平面与施工图的几何尺寸、平面位置、标高等是否一致；

（6）人防、消防、技防等特殊设计是否满足要求；

（7）各专业图纸本身是否有差错及矛盾，结构图与建筑图的平面尺寸及标高是否一致，建筑图与结构图的表示方法是否清楚，是否符合制图标准，预留、预埋件是否表示清楚；

（8）工程材料来源有无保证，新工艺、新材料、新技术的应用有无问题；

（9）地基处理方法是否合理，建筑与结构构造是否存在不能施工、不便施工的技术问题，或容易导致质量、安全、工程费用增加等方面的问题。

（10）工艺管道、电气线路、设备装置、运输道路与建筑物之间或相互间有无矛盾。

2. 设计交底

在工程施工前，设计单位就审查合格的施工图设计文件向建设单位、施工单位和监理单位作出详细说明。施工图设计交底按主项（装置或单元）专业集中一次进行，遇有特殊情况，应建设单位要求也可按施工程序分次进行。建设单位应在收到施工图设计文件后3个月内组织并主持召开工程施工图设计交底会。除建设单位、设计单位、监理单位、施工单位及相关部门（如质量监督机构）参加外，还可根据需要邀请特殊机械、非标设备和电气仪器制造厂商代表参加。

设计交底的主要内容一般包括：施工图设计文件总体介绍，设计的意图说明，特殊的工艺要求，建筑、结构、工艺、设备等各专业在施工中的难点、疑点和容易发生的问题说明；介绍同类工程经验教训，以及解答施工、监理和建设等单位提出的问题等。

设计交底会议的程序及内容包括：①设计项目负责人介绍工程初步设计审查意见的执行情况，设计范围、设计文件的组成和查找办法，原料产品及生产技术特点，主要建安工程量或修正概算，与界区外工程的关系和衔接要求等情况；②各专业设计负责人进行设计范围、设计文件的组成、查找办法和图例符号的工程意义，技术特点对工程的特殊要求，专业建安工作量或修正概算，施工验收应遵循的规范、标准和技术规定，与其他专业的交叉和衔接，对图纸会审提出的问题的处理意见，同类工程的经验教训等专业设计交底；③ 设计方会同建设方将会议意见集中并形成会议纪要，与会各单位负责人讨论确认。

会议结束后，建设单位应将设计交底会议纪要发送有关单位。

三、审查施工组织设计、施工方案

1. 审查施工组织设计的基本内容、程序

施工组织设计是指导施工单位进行施工的实施性文件。项目监理机构应按监理合同要求的标准和时限审查施工单位报审的施工组织设计，符合要求时，由总监理工程师签认后报建设单位，施工单位按已批准的施工组织设计组织施工。施工组织设计需要调整时，项目监理机构应按程序重新审查。

施工组织设计的报审应遵循下列程序和要求：

（1）施工单位应将技术负责人审核签认的施工组织设计、施工组织设计报审表一并报送项目监理机构。

（2）总监理工程师应及时组织专业监理工程师进行审查，需要修改的，由总监理工程师签发书面意见退回修改；符合要求的，由总监理工程师签认。

（3）已签认的施工组织设计由项目监理机构报送建设单位。

（4）施工组织设计在实施过程中，施工单位如需做较大的变更，项目监理机构应按程序重新审查。

2. 审查施工方案的基本内容、程序

施工方案是根据一个施工项目制定的实施方案。其中包括组织机构方案（各职能机构的构成、各自职责、相互关系等）、人员组成方案（项目负责人、各机构负责人、各专业负责人等）、技术方案（进度安排、关键技术预案、重大施工步骤预案等）、安全方案（安全总体要求、施工危险因素分析、安全措施、重大施工步骤安全预案等）、材料供应方案（材料供应流程、接保检流程、临时（急发）材料采购流程等），此外，根据项目大小还有现场保卫方案、后勤保障方案等。施工方案是根据项目确定的，有些项目简单、工期短就不需要制订复杂的方案。

审查的主要依据建设工程施工合同文件及建设工程监理合同，经批准的建设工程项目文件和勘察设计文件，相关法律、法规、规范、规程、标准图集等，以及其他工程基础资料、工程场地周边环境（含管线）资料等。

总监理工程师应组织专业监理工程师审查施工单位报审的施工方案，符合要求后应签认，施工方案应审查编审程序符合相关规定、工程质量保证措施符合有关标准等基本内容。

1. 程序性审查

项目监理机构在审批施工方案时，应检查施工单位的内部审批程序是否完善，签章是否齐全，重点核对施工方案是否为项目技术负责人组织编制、审批人是否为施工单位技术负责人，施工方案报审表应按要求填写。

2. 内容性审查

（1）工程概况：分部分项工程概况、施工平面布置、施工要求和技术保证条件。

（2）编制依据：相关法律法规、标准、规范及图纸（国标图集）、施工组织设计等。

（3）施工安排：包括施工顺序及施工流水段的确定、施工进度计划、材料与设备计划。

（4）施工工艺技术：技术参数、工艺流程、施工方法、检验标准等。

（5）施工保证措施：组织保障、技术措施、应急预案、监测监控等。

（6）计算书及相关图纸。

重点审查施工方案是否具有针对性、指导性、可操作性；现场施工管理机构是否建立了完善的质量保证体系，是否明确工程质量要求及标准，是否健全了质量保证体系组织机构及岗位职责、是否配备了相应的质量管理人员；是否建立了各项质量管理制度和质量管理程序等；施工质量保证措施是否符合现行的规范、标准等，特别是与工程建设标准的符合性。

四、工程材料、构配件、设备的质量控制

1. 基本内容

项目监理机构审查施工单位报送的用于工程的材料、构配件、设备的质量证明文件，并应按有关规定对用于工程的材料进行见证取样。用于工程的材料、构配件、设备的质量证明文件包括出厂合格证、质量检验报告、性能检测报告以及施工单位的自检记录等。对于工程设备应同时附有设备出厂合格证、技术说明书、质量检验证明、有关图纸、配件清单及技术资料等。对已进场经检验不合格的工程材料、构配件、设备，应要求施工单位限期将其撤出施工现场。

2. 质量控制的要点

（1）对用于工程的主要材料，在材料进场时专业监理工程师应核查厂家生产许可证、出厂合格证、材质化验单及性能检测报告，审查不合格者一律不准用于工程。专业监理工程师应参与建设单位组织的对施工单位负责采购的原材料、半成品、构配件的考察，并提出考察意见。对于半成品、构配件和设备，应按经过审批认可的设计文件和图纸要求采购订货，质量应满足有关标准和设计的要求。某些材料，诸如瓷砖等装饰材料，要求订货时最好一次性备足货源，以免由于分批而出现色泽不一的质量问题。

（2）在现场配制的材料，施工单位应进行级配设计与配合比试验，经试验合格后方可使用。

（3）对于进口材料、构配件和设备，专业监理工程师应要求施工单位报送进口商检证明文件，并会向建设单位、施工单位、供货单位等相关单位有关人员按合同约定进行联合检查验收。

（4）对于工程采用新设备、新材料，还应核查相关部门鉴定证书或工程应用的证明材料、实地考察报告或专题论证材料。

（5）原材料、（半）成品、构配件进场时，专业监理工程师应检查其尺寸、规格、型号、产品标志、包装等外观质量，并判定其是否符合设计、规范、合同等要求。

（6）工程设备验收前，设备安装单位应提交设备验收方案，包括验收方法、质量标准、验收的依据，经专业监理工程师审查同意后实施。

（7）对进场的设备，专业监理工程师应会同设备安装单位、供货单位等的有关人员进行开箱检验，检查其是否符合设计文件、合同文件和规范等所规定的厂家、型号、规格、数量、技术参数等，检查设备图纸、说明书、配件是否齐全。

（8）由建设单位采购的主要设备则由建设单位、施工单位、项目监理机构进行开箱检查，并由三方在开箱检查记录上签字。

（9）质量合格的材料、构配件进场后，到其使用或安装时通常要经过一定的时间间隔。在此时间段，监理人员应对施工单位在材料、半成品、构配件的存放、保管及使用期限实行监控。

3. 工程材料、构配件和设备质量控制程序

工程材料、构配件和设备质量控制程序如图3-2所示。

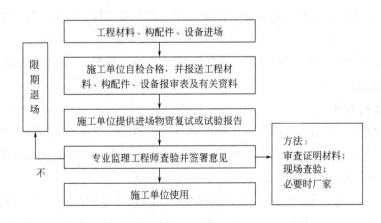

图 3-2　工程材料、构配件和设备质量控制程序

五、检验批、分项、分部工程验收

建设工程施工质量验收是指施工质量在施工单位自行检查合格的基础上，由工程质量验收责任方组织，工程建设相关单位参加，对检验批、分项、分部、单位工程及其隐蔽工程的质量进行抽样检查，对技术文件进行抽样检验，并根据设计文件和相关标准以书面形

式对工程质量是否达到合格做出确认。

（一）建筑工程施工质量验收层次划分原则

1. 单位工程的划分

单位工程是指具备独立施工条件并能形成独立使用功能的建筑物或构筑物。单位工程应按下列原则划分：

（1）具备独立施工条件并能形成独立使用功能的建筑物或构筑物为一个单位工程。

（2）对于规模较大的单位工程，可将其能形成独立使用功能的部分划分为一个子单位工程。

单位或子单位工程划分，施工前可由建设、监理、施工单位商议确定，并据此收集整理施工技术资料和进行质量验收。

2. 分部工程的划分

分部工程是单位工程的组成部分，一个单位工程往往由多个分部工程组成。分部工程应按下列原则划分：

（1）可按专业性质、工程部位确定。如建筑工程划分为地基与基础、主体结构、建筑装饰装修、屋面、建筑给水排水及采暖、通风与空调、建筑电气、智能建筑、建筑节能、电梯10个分部工程。

（2）当分部工程较大或较复杂时，可按材料种类、施工特点、施工程序、专业系统及类别将分部工程划分为若干子分部工程。

3. 分项工程的划分

分项工程是分部工程的组成部分。分项工程可按主要工种、材料、施工工艺、设备类别进行划分。

建筑工程的分部工程、分项工程划分宜按《建筑工程施工质量验收统一标准》GB 50300—2013附录B采用。

4. 检验批的划分

检验批是分项工程的组成部分。检验批是指按相同的生产条件或按规定的方式汇总起来供抽样检验用的，由一定数量样本组成的检验体。检验批可根据施工、质量控制和专业验收的需要，按工程量、楼层、施工段、变形缝进行划分。

施工前，应由施工单位制定分项工程和检验批的划分方案，并由项目监理机构审核，对于《建筑工程施工质量验收统一标准》GB 50300—2013附录B及相关专业验收规范未涵盖的分项工程和检验批，可由建设单位组织监理、施工等单位协商确定。

通常，多层及高层建筑的分项工程可按楼层或施工段划分检验批，单层建筑的分项工程可按变形缝划分检验批；地基与基础的分项工程一般划分为一个检验批，有地下层的基础工程可按不同地下层划分检验批；屋面工程的分项工程可按不同楼层屋面划分为不同的检验批；其他分部工程中的分项工程，一般按楼层划分检验批；对于工程量较少的分项工程可划分为一个检验批；安装工程一般按一个设计系统或设备组别划分为一个检验批；室外工程一般划分为一个检验批。散水、台阶、明沟等含在地面检验批中。

5. 室外工程的划分

室外工程可根据专业类别和工程规模划分为子单位工程、分部工程和分项工程。

（二）建筑工程施工质量验收程序和合格规定

1. 检验批质量验收

（1）检验批质量验收程序

检验批是工程施工质量验收的最小单位，是分项工程、分部工程、单位工程质量验收的基础。

检验批应由专业监理工程师组织施工单位项目专业质量检查员、专业工长等进行验收。检验批验收包括资料检查、主控项目和一般项目的质量检验。

验收前，施工单位应对施工完成的检验批进行自检，对存在的问题自行整改处理，合格后填写检验批报审、报验表及检验批质量验收记录，并将相关资料报送项目监理机构申请验收。

专业监理工程师对施工单位所报资料进行审查，并组织相关人员到现场进行实体检查、验收。对验收不合格的检验批，专业监理工程师应要求施工单位进行整改，自检合格后予以复验；对验收合格的检验批，专业监理工程师应签认检验批报审、报验表及质量验收记录，准许进行下道工序施工。

（2）检验批质量验收合格规定

1）主控项目的质量经抽样检验合格。

2）一般项目的质量经抽样检验合格。

当采用计数抽样时，合格点率应符合有关专业验收规范的规定，且不得存在严重缺陷。一般项目是指除主控项目外的检验项目，计数抽样正常检验一次、二次抽样。

3）具有完整的施工操作依据、质量验收记录。

（3）检验批质量验收记录

检验批质量验收记录填写时应具有现场验收检查原始记录，该原始记录应由专业监理工程师和施工单位专业质量检查员、专业工长共同签署，并在单位工程竣工验收前存档备查，保证该记录的可追溯性。现场验收检查原始记录的格式可由施工、监理等单位确定，包括检查项目、检查位置、检查结果等内容。

2. 隐蔽工程验收

（1）隐蔽工程的含义

隐蔽工程是指建筑物、构筑物、在施工期间将建筑材料或构配件埋于物体之中后被覆盖外表看不见的实物，如房屋基础、钢筋、水电构配件、设备基础等分部分项工程。在下道工序施工后将被覆盖或掩盖，难以进行质量检查的工程也是隐蔽工程，如钢筋混凝土工程中的钢筋工程，地基与基础工程中的混凝土基础和桩基础等。因此隐蔽工程完成后，在被覆盖或掩盖前必须进行质量验收，验收合格后方可继续施工。

（2）隐蔽工程验收的方法

首先施工单位在隐蔽工程验收前对所报验的隐蔽工程进行自检，并确认自检合格，向项目监理机构报送隐蔽工程报验表，然后由专业监理工程师对施工单位所报资料进行审查，并组织相关人员按时到现场对隐蔽工程进行实体检查、验收，同时宜留存检查验收过程的照片、影像等资料，对验收合格的予以签认，允许施工单位隐蔽；对验收不合格的拒绝签认，要求施工单位在规定时间内完成整改，重新报验。

项目监理机构对已同意覆盖的工程隐蔽部位质量有疑问的，或发现施工单位私自覆盖工程隐蔽部位的，要求施工单位对该隐蔽部位进行钻孔探测、剥离或其他方法进行重新检验。

隐蔽工程验收时，专业监理工程师应对需隐蔽工程进行实测检查，专业监理工程师应对隐蔽内容和验收结果形成书面记录并归档。如对于钢筋分项工程，浇筑混凝土之前，应进行钢筋隐蔽工程验收。钢筋隐蔽工程验收主要内容包括：纵向受力钢筋的品种、规格、数量和位置等，钢筋的连接方式、接头位置、接头数量、接头面积百分率等；箍筋、横向钢筋的品种、规格、数量、间距等；预埋件的规格、数量、位置等。

3. 分项工程质量验收

（1）分项工程质量验收程序

分项工程应由专业监理工程师组织施工单位项目专业技术负责人等进行验收。

验收前，项目监理机构应要求施工单位应对施工完成的分项工程进行自检，对存在的问题自行整改处理，合格后填写分项工程报审、报验表及分项工程质量验收记录，并将相关资料报送项目监理机构申请验收。专业监理工程师对施工单位所报资料逐项进行审查，符合要求后签认分项工程报审、报验表及质量验收记录。

（2）分项工程质量验收合格规定

1）所含检验批的质量均应验收合格。

2）所含检验批的质量验收记录应完整。

分项工程的质量验收是以检验批为基础进行的。一般情况下，检验批和分项工程两者具有相同或相近的性质，只是批量的大小不同而已。分项工程质量合格的条件是构成分项工程的各检验批质量验收资料齐全完整，且各检验批质量均已验收合格。

4. 分部工程质量验收

（1）分部工程质量验收程序

分部工程应由总监理工程师组织施工单位项目负责人和项目技术负责人等进行验收。

勘察、设计单位项目负责人和施工单位技术、质量部门负责人应参加地基与基础分部工程的验收。由于地基与基础分部工程情况复杂，专业性强，且关系到整个工程的安全，为保证工程质量，严格把关，规定勘察、设计单位项目负责人应参加验收，并要求施工单位技术、质量部门负责人也应参加验收。

设计单位项目负责人和施工单位技术、质量部门负责人应参加主体结构、节能分部工程的验收。由于主体结构直接影响使用安全，建筑节能又直接关系到国家资源战略、可持续发展等，因此规定对这两个分部工程，设计单位项目负责人应参加验收，并要求施工单位技术、质量负责人也应参加验收。

参加验收的人员，除指定的人员必须参加验收外，允许其他相关专业人员共同参加验收。勘察、设计单位项目负责人应为勘察、设计单位负责本工程项目的专业负责人，不应由与本项目无关或不了解本项目情况的其他人员、非专业人员代替。

验收前，施工单位应对施工完成的分部工程进行自检，对存在的问题自行整改处理，合格后填写分部工程报验表及分部工程质量验收记录、并将相关资料报送项目监理机构申请验收。总监理工程师应组织相关人员进行检查、验收，对验收不合格的分部工程，应要求施工单位进行整改，自检合格后予以复验。对验收合格的分部工程，应签认分部工程报验表及验收记录。

（2）分部工程质量验收合格规定

1）所含分项工程的质量均应验收合格。

2）质量控制资料应完整。

3）有关安全、节能、环境保护和主要使用功能的抽样检验结果应符合相应规定。

4）观感质量应符合要求。

分部工程质量验收是以所含各分项工程质量验收为基础进行的。首先，分部工程所含各分项工程已验收合格且相应的质量控制资料齐全、完整。此外，由于各分项工程的性质不尽相同，因此作为分部工程不能简单地组合而加以验收，涉及安全、节能、环境保护和主要使用功能的地基基础、主体结构和设备安装等分部工程应进行有关的见证检验或抽样检验及观感质量验收两方面检查项目。

六、单位工程质量验收

（一）单位工程质量验收程序

1. 预验收

单位工程完工后，施工单位应依据验收规范、设计图纸等组织有关人员进行自检，对存在的问题自行整改处理，合格后填写单位工程竣工验收报审表，并将相关竣工资料报送项目监理机构申请预验收。

总监理工程师应组织各专业监理工程师审查施工单位报送的相关竣工资料，并对工程质量进行竣工预验收。存在施工质量问题时，应由施工单位及时整改。整改完毕且复验合格后，总监理工程师应签认单位工程竣工验收的相关资料。项目监理机构应编写工程质量评估报告，并经总监理工程师和监理单位技术负责人审核签字后报建设单位。

竣工预验收合格后，由施工单位向建设单位提交工程竣工报告和完整的质量控制资料，申请建设单位组织工程竣工验收。

工程竣工预验收由总监理工程师组织，各专业监理工程师参加，施工单位项目经理、项目技术负责人等参加，其他各单位人员可不参加。工程竣工预验收除参加人员与竣工验收不同外，其方法、程序、要求等均应与工程竣工验收相同。

单位工程中的分包工程完工后，分包单位应对所承包的工程项目进行自检，并应按验收标准规定的程序进行验收。验收时，总包单位应派人参加。验收合格后，分包单位应将所分包工程的质量控制资料整理完整，并移交给总包单位。建设单位组织单位工程质量验收时，分包单位负责人应参加验收。

2. 验收

建设单位收到工程竣工报告后，应由建设单位项目负责人组织监理、施工、设计、勘察等单位项目负责人进行单位工程验收。对验收中提出的整改问题，项目监理机构应督促施工单位及时整改。工程质量符合要求的，总监理工程师应在工程竣工验收报告中签署验收意见。需要注意的是，在单位工程质量验收时，由于勘察、设计、施工、监理等单位都是责任主体，因此各单位项目负责人应参加验收，考虑到施工单位对工程质量负有直接生产责任，而施工项目经理部不是法人单位，故施工单位的技术、质量负责人也应参加验收。

在一个单位工程中，对满足生产要求或具备使用条件，施工单位已自行检验，项目监理机构已预验收的子单位工程，建设单位可组织进行验收。由几个施工单位负责施工的单位工程，当其中的子单位工程已按设计要求完成，并经自行检验，也可按规定的程序组织正式验收，办理交工手续。在整个单位工程验收时，已验收的子单位工程验收资料应作为单位工程验收的附件。

《建设工程质量管理条例》规定，建设工程竣工验收应当具备下列条件：

（1）完成建设工程设计和合同约定的各项内容。

（2）有完整的技术档案和施工管理资料。

（3）有工程使用的主要建筑材料、建筑构配件和设备的进场试验报告。

（4）有勘察、设计、施工、工程监理等单位分别签署的质量合格文件。

（5）有施工单位签署的工程保修书。

根据建设工程竣工验收应当具备的条件，对于不同性质的建设工程还应满足其他一些具体要求，如工业建设项目，还应满足必要的生活设施已按设计要求建成，生产准备工作和生产设施能适应投产的需要；环境保护设施、劳动设施、安全与卫生设施、消防设施以及必需的生产设施已按设计要求与主体工程同时建成，并经有关专业部门验收合格交付使用。

（二）单位工程质量验收合格规定

单位工程质量验收合格应符合下列规定：

1. 所含分部工程的质量均应验收合格。

2. 质量控制资料应完整。

3．所含分部工程中有关安全、节能、环境保护和主要使用功能的检验资料应完整。

4．主要使用功能的抽查结果应符合相关专业质量验收规范的规定。

5．观感质量应符合要求。

单位工程质量验收也称质量竣工验收，是建筑工程投入使用前的最后一次验收，也是最重要的一次验收。参建各方责任主体和有关单位及人员，应给予足够的重视，认真做好单位工程质量竣工验收，把好工程质量竣工验收关。

（三）单位工程质量竣工验收、检查记录

单位工程质量竣工验收记录由施工单位填写，验收结论由监理单位填写；综合验收结论经参加验收人员各方共同商定，由建设单位填写，应对工程质量是否符合设计文件和相关标准的规定要求及总体质量水平作出评价。

第三节　工程质量缺陷和质量事故处理 ▶▶

项目监理机构应采取有效措施预防工程质量缺陷及事故的发生。工程施工过程中一旦出现工程质量缺陷及事故，项目监理机构按规定的程序予以处理。

一、工程质量缺陷及处理

（一）工程质量缺陷的含义

工程质量缺陷是指工程不符合国家或行业的有关技术标准、设计文件及合同中对质量的要求。工程质量缺陷可分为施工过程中的质量缺陷和永久质量缺陷，施工过程中的质量缺陷又可分为可整改质量缺陷和不可整改质量缺陷。房屋建筑工程在保修范围和保修期限内出现质量缺陷，施工单位应当履行保修义务。

（二）工程质量缺陷的成因

由于建设工程施工周期较长，所用材料品种繁杂，在施工过程中，受社会环境和自然条件等方面因素的影响，产生的工程质量问题表现形式千差万别，类型多种多样。这使得引起工程质量缺陷的成因也错综复杂，往往一项质量缺陷是由于多种原因引起的。虽然每次发生质量缺陷的类型各不相同，但通过对大量质量缺陷调查与分析发现，其发生的原因有不少相同或相似之处，归纳其最基本的因素主要有以下几方面：

1. 违背基本建设程序

基本建设程序是工程项目建设过程及其客观规律的反映，不按建设程序办事，例如，未搞清地质情况就仓促开工；边设计、边施工；无图施工；不经竣工验收就交付使用等。

2. 违反法律法规

例如，无证设计；无证施工；越级设计；越级施工；转包、挂靠；工程招标投标中的

不公平竞争：超常的低价中标；非法分包；擅自修改设计等。

3. 地质勘察数据失真

例如，未认真进行地质勘察或勘探时钻孔深度、间距、范围不符合规定要求，地质勘察报告不详细、不准确，不能全面反映实际的地基情况，从而使得地下情况不清，或对基岩起伏、土层分布误判，或未查清地下软土层、墓穴、孔洞等，均会导致采用不恰当或错误的基础方案，造成地基不均匀沉降、失稳，使上部结构或墙体开裂、破坏，或引发建筑物倾斜、倒塌等。

4. 设计差错

例如，盲目套用图纸，采用不正确的结构方案，计算简图与实际受力情况不符，荷载取值过小，内力分析有误，沉降缝或变形缝设置不当，悬挑结构未进行抗倾覆验算，以及计算错误等。

5. 施工与管理不到位

不按图施工或未经设计单位同意擅自修改设计。例如，将铰接做成刚接，将简支梁做成连续梁，导致结构破坏；挡土墙不按图设滤水层、排水孔，导致压力增大，墙体破坏或倾覆；不按有关的施工规范和操作规程施工，浇筑混凝土时振捣不良，产生薄弱部位；砖砌体砌筑上下通缝，灰浆不饱满等均能导致砖墙破坏。施工组织管理紊乱，不熟悉图纸，盲目施工；施工方案考虑不周，施工顺序颠倒；图纸未经会审，仓促施工；技术交底不清，违章作业；疏于检查、验收等。

6. 操作工人素质差

近年来，施工操作人员的素质不断下降，过去师傅带徒弟的技术传承方式没有了，熟练工人的总体数量无法满足全国大量开工的基本建设需求，工人流动性大，缺乏培训，操作技能差，质量意识和安全意识差。

7. 使用不合格的原材料、构配件和设备

近年来，假冒伪劣的材料、构配件和设备大量出现，一旦把关不严，不合格的建筑材料及制品被用于工程，将导致质量隐患，造成质量缺陷和质量事故。例如，钢筋物理力学性能不良导致钢筋混凝土结构破坏；骨料中碱活性物质导致碱骨料反应，使混凝土产生破坏；水泥安定性不合格会造成混凝土爆裂；水泥受潮、过期、结块，砂石含泥量及有害物含量超标，外加剂掺量等不符合要求时，影响混凝土强度、和易性、密实性、抗渗性，从而导致混凝土结构强度不足、裂缝、渗漏等质量缺陷。此外，预制构件截面尺寸不足，支承锚固长度不足，未可靠地建立预应力值，漏放或少放钢筋，板面开裂等均可能出现断裂、坍塌；变配电设备质量缺陷可能导致自燃或火灾。

8. 自然环境因素

自然环境包括空气温度、湿度、暴雨、大风、洪水、雷电、日晒和浪潮等。

9. 盲目抢工

盲目压缩工期，不尊重质量、进度、造价的内在规律。

10.使用不当

竣工后对建筑物、构筑物或设施的装修、改造或使用不当等原因造成的质量缺陷。例如，装修中未经校核验算就任意对建筑物加层；任意拆除承重结构部件；任意在结构物上开槽、打洞，削弱承重结构截面等。

（三）工程质量缺陷的处理

（1）发生工程质量缺陷后，项目监理机构应签发监理通知单，责成施工单位进行处理。

（2）施工单位进行质量缺陷调查，分析质量缺陷产生的原因，并提出经设计等相关单位认可的处理方案。

（3）项目监理机构审查施工单位报送质量缺陷处理方案，并签署意见。

（4）施工单位按审查合格的处理方案实施处理，项目监理机构对处理过程进行跟踪检查，对处理结果进行验收。

（5）质量缺陷处理完毕后，项目监理机构应根据施工单位报送的监理通知回复单对质量缺陷处理情况进行复查，并提出复查意见。

（6）处理记录整理归档。

（7）工程质量缺陷的处理流程见图3-3。

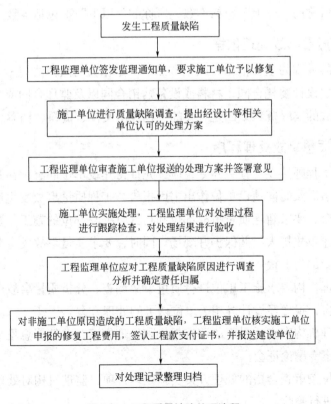

图3-3　工程质量缺陷处理流程

二、工程质量事故处理

（一）工程质量事故

工程质量事故是指由于建设、勘察、设计、施工、监理等单位违反工程质量有关法律法规和工程建设标准，使工程产生结构安全、重要使用功能等方面的质量缺陷，造成人身伤亡或者重大经济损失的事故。

（二）工程质量事故等级划分

根据工程质量事故造成的人员伤亡或者直接经济损失，工程质量事故分为4个等级：

（1）特别重大事故，是指造成30人以上死亡，或者100人以上重伤，或者1亿元以上直接经济损失的事故；

（2）重大事故，是指造成10人以上30人以下死亡，或者50人以上100人以下重伤，或者5000万元以上1亿元以下直接经济损失的事故；

（3）较大事故，是指造成3人以上10人以下死亡，或者10人以上50人以下重伤，或者1000万元以上5000万元以下直接经济损失的事故；

（4）一般事故，是指造成3人以下死亡，或者10人以下重伤，或者100万元以上1000万元以下直接经济损失的事故。

该等级划分所称的"以上"包括本数，所称的"以下"不包括本数。

（三）工程质量事故处理依据

工程质量事故处理的主要依据有四个方面：一是相关的法律法规；二是具有法律效力的工程承包合同、设计委托合同、材料或设备购销合同以及监理合同或分包合同等合同文件；三是质量事故的实况资料；四是有关的工程技术文件、资料、档案。

（四）工程质量事故处理程序

（1）总监理工程师签发工程暂停令，应事先征得建设单位同意，在紧急情况下未能事先报告时，应在事后及时向建设单位作出书面报告。工程质量事故发生后，总监理工程师应签发工程暂停令，要求暂停质量事故部位和与其有关联部位的施工，要求施工单位采取必要的措施，防止事故扩大，并保护好现场。同时，要求质量事故发生单位迅速按类别和等级向相应的主管部门上报。

（2）项目监理机构要求施工单位进行质量事故调查、分析质量事故产生的原因，提交质量事故调查报告，报送经设计等相关单位认可的处理方案。

（3）项目监理机构审查质量事故调查报告和处理方案，并签署意见；必要时，可召开质量事故处理方案专题论证会。

（4）施工单位按审查合格的处理方案实施处理，项目监理机构对处理过程进行跟踪检查，对处理结果进行验收。

（5）质量事故处理完毕后，具备复工条件时，施工单位提出工程复工申请，专业监理工程师应审查施工单位报送的工程复工报审表及有关材料，符合要求后，总监理工程师及时签署审核意见，并报建设单位批准后签发工程复工令。

（6）项目监理机构应及时向建设单位提交质量事故书面报告，并应将完整的质量事故处理记录整理归档。

（7）工程质量事故处理流程图（图3-4）

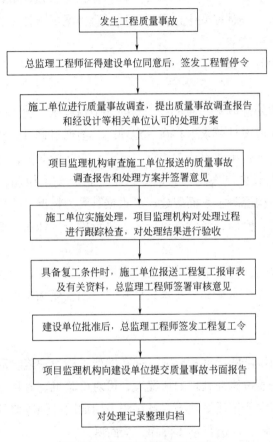

图3-4 工程质量事故处理流程

（五）工程质量事故的处理方法

工程质量事故处理的基本方法包括工程质量事故处理方案的确定及工程质量事故处理后的鉴定验收。其目的是消除质量缺陷，以达到建筑物的安全可靠和正常使用功能及寿命要求，并保证后续施工的正常进行。

其一般处理原则是：正确确定事故性质，是表面性还是实质性、是结构性还是一般性、是迫切性还是可缓性；正确确定处理范围，除直接发生部位，还应检查处理事故相邻影响作用范围的结构部位或构件。其处理基本要求是：安全可靠，不留隐患；满足建筑物的功能和使用要求；技术可行，经济合理。

1. 工程质量事故处理方案的确定

工程质量事故处理方案的确定，要以分析事故调查报告中事故原因为基础，结合实地勘察成果，并尽量满足建设单位的要求。因同类和同一性质的事故常可以选择不同的处理方案，在确定处理方案时，应审核其是否遵循一般处理原则和要求，尤其应重视工程实际条件，如建筑物实际状态、材料实测性能、各种作用的实际情况等，以确保做出正确判断和选择。尽管质量事故的技术处理方案多种多样，但根据质量事故的情况可归纳为三种类型的处理方案，监理人员应掌握从中选择最适用处理方案的方法，方能对相关单位上报的事故处理方案做出正确审核结论。

工程质量事故处理方案类型：

（1）修补处理

这是最常用的一类处理方案。通常当工程的某个检验批、分项或分部工程的质量虽未达到规定的规范、标准或设计要求，存在一定缺陷，但通过修补或更换构配件、设备后还可达到要求的标准，又不影响使用功能和外观要求，在此情况下，可以进行修补处理。

属于修补处理类的具体方案很多，诸如封闭保护、复位纠偏、结构补强、表面处理等。某些事故造成的结构混凝土表面裂缝，可根据其受力情况，仅做表面封闭处理；某些混凝土结构表面的蜂窝、麻面，经调查分析，可进行剔凿、抹灰等表面处理，一般不会影响其使用和外观。

对较严重的质量缺陷，可能影响结构的安全性和使用功能，必须按一定的技术方案进行加固补强处理，这样往往会造成一些永久性缺陷，如改变结构外形尺寸，影响一些次要的使用功能等。

（2）返工处理

当工程质量未达到规定的标准和要求，存在的严重质量缺陷，对结构的使用和安全构成重大影响，且又无法通过修补处理的情况下，可对检验批、分项、分部工程甚至整个工程返工处理。对某些存在严重质量缺陷，且无法采用加固补强等修补处理或修补处理费用比原工程造价还高的工程，应进行整体拆除，全面返工。

（3）不做处理

某些工程质量缺陷虽然不符合规定的要求和标准构成质量事故，但视其严重情况，经过分析、论证、法定检测单位鉴定和设计等有关单位认可，对工程或结构使用及安全影响不大，也可不做专门处理。

2. 工程质量事故处理的鉴定验收

质量事故的技术处理是否达到了预期目的，消除了工程质量不合格和工程质量缺陷，是否仍留有隐患，项目监理机构应通过组织检查和必要的鉴定，对此进行验收并予以最终确认。

（1）检查验收

工程质量事故处理完成后，项目监理机构在施工单位自检合格的基础上，应严格按施工验收标准及有关规范的规定进行检查，依据质量事故技术处理方案设计要求，通过实际量测，检查各种资料数据进行验收，并应办理验收手续，组织各有关单位会签。

（2）必要的鉴定

为确保工程质量事故的处理效果，凡涉及结构承载力等使用安全和其他重要性能的处理工作，常需做必要的试验和检验鉴定工作。如果质量事故处理过程中建筑材料及构配件保证资料严重缺乏，或对检查验收结果各参与单位有争议时，常见的检验工作有：混凝土钻芯取样，用于检查密实性和裂缝修补效果，或检测实际强度；结构荷载试验，确定其实际承载力；超声波检测焊接或结构内部质量；池、罐、箱柜工程的渗漏检验等。检测鉴定必须委托具有资质的法定检测单位进行。

（3）验收结论

对所有质量事故无论是否经过技术处理，是否通过检查鉴定验收，均应有明确的书面结论。若对后续工程施工有特定要求，或对建筑物使用有一定限制条件，应在结论中提出。验收结论通常有以下几种：

1）事故已排除，可以继续施工；

2）隐患已消除，结构安全有保证；

3）经修补处理后，完全能够满足使用要求；

4）基本上满足使用要求，但使用时应有附加限制条件，例如限制荷载等；

5）对耐久性的结论；

6）对建筑物外观影响的结论；

7）对短期内难以作出结论的，可提出进一步观测检验意见。

对于处理后符合现行国家标准《建筑工程施工质量验收统一标准》GB 50300—2013规定的，监理人员应予以验收、确认，并应注明责任方承担的经济责任。对经加固补强或返工处理仍不能满足安全使用要求的分部工程、单位（子单位）工程，应拒绝验收。

第 四 章 工程进度控制

第一节 概述 ▶▶

    建设工程进度控制是指对工程项目建设各阶段的工作内容、工作程序、持续时间和衔接关系，根据进度总目标及资源优化配置的原则编制计划并付诸实施，然后在进度计划的实施过程中经常检查实际进度是否按计划要求进行，对出现的偏差情况进行分析，采取补救措施或调整、修改原计划后再付诸实施，如此循环，直到建设工程竣工验收交付使用。建设工程进度控制的最终目的是确保建设项目按预定的时间动用或提前交付使用，建设工程进度控制的总目标是建设工期。

    进度控制是项目监理机构（监理工程师）的主要任务之一。由于在工程建设过程中存在着许多影响进度的因素，如人为因素，技术因素，设备、材料及构配件因素，机具因素，资金因素，水文、地质与气象因素，以及其他自然与社会环境等方面的因素，这些因素往往来自不同的部门和不同的时期，它们对建设工程进度产生着复杂的影响。因此，进度控制人员必须事先对影响建设工程进度的各种因素进行调查分析，预测它们对建设工程进度的影响程度，确定合理的进度控制目标，编制可行的进度计划，使工程建设工作始终按计划进行。

    项目监理机构受业主的委托在建设工程施工阶段实施监理时，其进度控制的总任务就是在满足工程项目建设总进度计划要求的基础上，编制或审核施工进度计划，并对其执行情况加以动态控制，为此，进度控制人员必须掌握动态控制原理，在进度计划的执行过程中进行不断地检查和调整，并将实际状况与计划安排进行对比，以保证工程项目按期竣工交付使用。

    施工阶段是建设工程实体的形成阶段，对其进度实施控制是建设工程进度控制的重点。做好施工进度计划与项目建设总进度计划的衔接，并跟踪检查施工进度计划的执行情况，必要时对施工进度计划进行调整，对于建设工程进度控制总目标的实现，具有十分重要的意义。

一、施工进度控制目标的确定

    为了提高进度计划的预见性和进度控制的主动性，在确定施工进度控制目标时，必须全面细致地分析与建设工程进度有关的各种有利因素和不利因素。只有这样，才能制订出一个科学、合理的进度控制目标。确定施工进度控制目标的主要依据建设工程总进度目标对施工工期的要求、工期定额、类似工程项目的实际进度、工程难易程度和工程条件的落实情况等。

在确定施工进度分解目标时，还要考虑以下方面：

（1）对于大型建设工程项目，应根据尽早提供可动用单元的原则，集中力量分期分批建设，以便尽快投入使用，发挥投资效益。同时，要处理好前期动用和后期建设的关系、每期工程中主体工程与辅助及附属工程之间的关系等。

（2）合理安排土建与设备的综合施工。要按照它们各自的特点，合理安排土建施工与设备基础、设备安装的先后顺序及衔接、交叉或平行作业，明确设备工程对土建工程的要求和土建工程为设备工程提供施工条件的内容及时间。

（3）结合工程的特点，参考同类建设工程的经验来确定施工进度目标，避免只按主观愿望盲目确定进度目标，从而在实施过程中造成进度失控。

（4）做好资金供应能力、施工力量配备，资源（材料、构配件、设备）供应能力与施工进度的平衡工作，确保工程进度目标的要求而不使其落空。

（5）考虑外部协作条件的配合情况。包括施工过程中及项目竣工动用所需的水、电、气、通信、道路及其他社会服务项目的满足程序和满足时间。它们必须与有关项目的进度目标相协调。

（6）考虑工程项目所在地区地形、地质、水文、气象等方面的限制条件。

总之，要想对工程项目的施工进度实施控制，就必须有明确、合理的进度目标（进度总目标和进度分目标）；否则，控制便失去了意义。

二、施工进度控制工作流程

建设工程施工进度控制工作流程如图4-1所示。

三、进度控制的措施

为了实施进度控制，项目监理机构必须根据建设工程的具体情况，认真制订进度控制措施，以确保建设工程进度控制目标的实现。进度控制的措施应包括组织措施、技术措施、经济措施及合同措施。

1. 组织措施

进度控制的组织措施主要包括：

（1）建立进度控制目标体系，明确建设工程现场监理组织机构中进度控制人员及其职责分工。

（2）建立工程进度报告制度及进度信息沟通网络。

（3）建立进度计划审核制度和进度计划实施中的检查分析制度。

（4）建立进度协调会议制度，包括协调会议举行的时间、地点，协调会议的参加人员等。

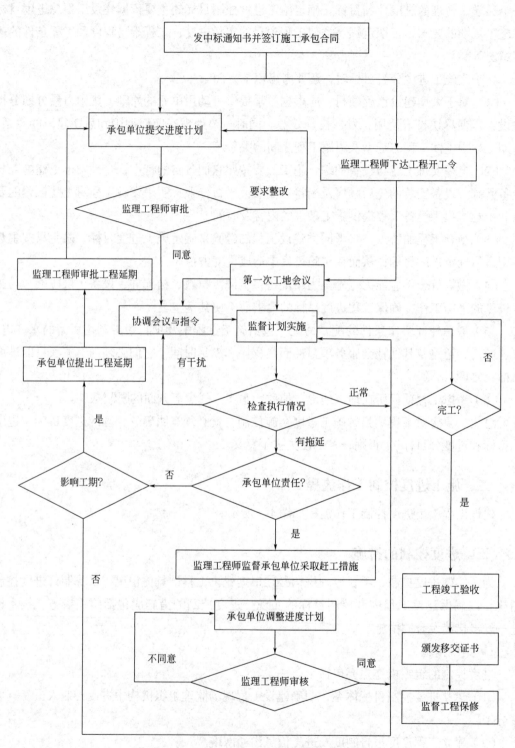

图 4-1 建设工程施工进度控制工作流程图

（5）建立图纸审查、工程变更和设计变更管理制度。

2. 技术措施

进度控制的技术措施主要包括：

（1）审查承包单位提交的进度计划，使承包单位能在合理的状态下施工。

（2）编制进度控制工作细则，指导监理人员实施进度控制。

（3）采用网络计划技术及其他科学适用的计划方法，并结合电子计算机的应用对建设工程进度实施动态控制。

3. 经济措施

进度控制的经济措施主要包括：

（1）及时办理工程预付款及工程进度款支付手续。

（2）对应急赶工给予优厚的赶工费用。

（3）对工期提前给予奖励。

（4）对工程延误收取误期损失赔偿金。

4. 合同措施

进度控制的合同措施主要包括：

（1）推行CM承发包模式，对建设工程实行分段设计、分段发包和分段施工。

（2）加强合同管理，协调合同工期与进度计划之间的关系，保证合同中进度目标的实现。

（3）严格控制合同变更，对各方提出的工程变更和设计变更，项目监理机构应严格审查后再补入合同文件中。

（4）加强风险管理，在合同中应充分考虑风险因素及其对进度的影响，以及相应的处理方法。

（5）加强索赔管理，公正地处理索赔。

第二节　施工进度计划的编制与审查 ▶▶

施工进度计划表示各项工程（单位工程、分部工程或分项工程）的施工顺序、开始和结束时间以及相互衔接关系的计划。它既是承包单位进行现场施工管理的核心指导文件，也是项目监理机构实施进度控制的依据。施工进度计划通常是按工程对象编制的。

建设工程资源供应是实现建设工程投资、进度和质量三大目标控制的物质基础。资源供应进度与工程实施进度是相互衔接的，建设工程实施过程中经常遇到的问题，就是由于资源的到货日期推迟而影响施工进度。完善合理的资源供应计划是实现进度目标的根本保证。保证建设工程资源及时而合理供应，是项目监理机构必须十分重视的问题。

一、施工总进度计划的编制

施工总进度计划是由施工单位编制用来确定建设工程项目中所包含的各单位工程的施工顺序、施工时间及相互衔接关系的计划。编制施工总进度计划的依据是施工总方案、资源供应条件、各类定额资料、合同文件、工程项目建设总进度计划、工程投入使用时间目标、建设地区自然条件及有关技术经济资料等。

（一）施工总进度计划的编制步骤和方法

1. 计算工程量

根据批准的工程项目一览表，按单位工程分别计算其主要实物工程量，不仅是为了编制施工总进度计划，而且还为了编制施工方案和选择施工、运输机械，初步规划主要施工过程的流水施工，以及计算人工、施工机械及建筑材料的需要量。

2. 确定各单位工程的施工期限

各单位工程的施工期限应根据合同工期确定，同时还要考虑建筑类型、结构特征、施工方法、施工管理水平、施工机械化程度及施工现场条件等因素。如果在编制施工总进度计划时没有合同工期，则应保证计划工期不超过工期定额。

3. 确定各单位工程的开竣工时间和相互搭接关系

确定各单位工程的开竣工时间和相互搭接关系主要应考虑以下几点：

（1）同一时期施工的项目不宜过多，以避免人力、物力过于分散。

（2）尽量做到均衡施工，以使劳动力、施工机械和主要材料的供应在整个工期范围内达到均衡。

（3）尽量提前建设可供工程施工使用的永久性工程，以节省临时工程费用。

（4）急需和关键的工程先施工，以保证工程项目按期交工。对于某些技术复杂、施工周期较长、施工困难较多的工程，亦应安排提前施工，以利于整个工程项目按期交付使用。

（5）施工顺序必须与主要生产系统投入生产的先后次序相吻合。同时还要安排好配套工程的施工时间，以保证建成的工程能迅速投入生产或交付使用。

（6）应注意季节对施工顺序的影响，使施工季节不导致工期拖延，不影响工程质量。

（7）安排一部分附属工程或零星项目作为后备项目，用以调整主要项目的施工进度。

（8）注意主要工种和主要施工机械能连续施工。

4. 编制初步施工总进度计划

施工总进度计划应安排全工地性的流水作业。全工地性的流水作业安排应以工程量大、工期长的单位工程为主导，组织若干条流水线，并以此带动其他工程。

施工总进度计划既可以用横道图表示，也可以用网络图表示。由于采用网络计划技术控制工程进度更加有效，所以人们更多地开始采用网络图来表示施工总进度计划。特别是电子计算机的广泛应用，为网络计划技术的推广和普及创造了更加有利的条件。

5. 编制正式施工总进度计划

初步施工总进度计划编制完成后，要对其进行检查。主要是检查总工期是否符合要求，资源使用是否均衡且其供应是否能得到保证。如果出现问题，则应进行调整。调整的主要方法是改变某些工程的起止时间或调整主导工程的工期。如果是网络计划，则可以利用电子计算机分别进行工期优化、费用优化及资源优化。当初步施工总进度计划经过调整符合要求后，即可编制正式的施工总进度计划。

正式的施工总进度计划确定后，应据以编制劳动力、材料、大型施工机械等资源的需用量计划，以便组织供应、保证施工总进度计划的实现。

二、单位工程施工进度计划的编制

单位工程施工进度计划是在既定施工方案的基础上，根据规定的工期和各种资源供应条件，对单位工程中的各分部分项工程的施工顺序、施工起止时间及衔接关系进行合理安排的计划。其编制的主要依据是施工总进度计划、单位工程施工方案、合同工期或定额工期、施工定额、施工图和施工预算、施工现场条件、资源供应条件以及气象资料等。

（一）单位工程施工进度计划的编制程序

单位工程施工进度计划的编制程序见图4-2。

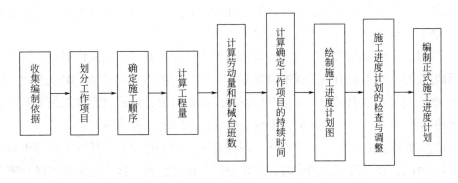

图4-2 单位工程施工进度计划编制程序

（二）单位工程施工进度计划的编制方法

1. 划分工作项目

工作项目是包括一定工作内容的施工过程，它是施工进度计划的基本组成单元。工作项目内容的多少，划分的粗细程度，应该根据计划的需要来决定。对于大型建设工程，经常需要编制控制性施工进度计划，此时工作项目可以划分得粗一些，一般只明确到分部工程即可。例如在装配式单层厂房控制性施工进度计划中，只列出土方工程、基础工程、预制工程、安装工程等各分部工程项目。如果编制实施性施工进度计划，工作项目就应划分得细一些。

在一般情况下，单位工程施工进度计划中的工作项目应明确到分项工程或更具体，以满足指导施工作业、控制施工进度的要求。例如在装配式单层厂房实施性施工进度计划中，应将基础工程进一步划分为挖基础、做垫层、砌基础、回填土等分项工程。

由于单位工程中的工作项目较多，应在熟悉施工图纸的基础上，根据建筑结构特点及已确定的施工方案，按施工顺序逐项列出，以防止漏项或重项。凡是与工程对象施工直接有关的内容均应列入计划，而不同于直接施工的辅助性项目和服务性项目则不必列入。例如在混合结构住宅建筑工程施工进度计划中，应将主体工程中的搭脚手架、砌砖墙、现浇箱梁、大梁及板混凝土、安装预制楼板和溜缝等施工过程列入。而完成主体工程中的运转、砂浆及混凝土，搅拌混凝土和砂浆，以及楼板的预制和运输等项目，既不是在建筑物上直接完成，也不占用工期，则不必列入计划之中。

另外，有些分项工程在施工顺序上和时间安排上是相互穿插进行的，或者是由同一专业施工队完成的，为了简化进度计划的内容，应尽量将这些项目合并，以突出重点。例如防潮层施工可以合并在砌筑基础项目内，安装门窗框可以并入砌墙工程。

2. 确定施工顺序

确定施工顺序是为了按照施工的技术规律和合理的组织关系，解决各工作项目之间在时间上的先后和搭接问题，以达到保证质量、安全施工、充分利用空间、争取时间、实现合理安排工期的目的。

一般来说，施工顺序受施工工艺和施工组织两方面的制约。当施工方案确定之后，工作项目之间的工艺关系也就随之确定，如果违背这种关系，将不可能施工，或者导致工程质量事故和安全事故的出现，或者造成返工浪费。

工作项目之间的组织关系是由于劳动力、施工机械、材料和构配件等资源的组织和安排需要而形成的。它不是由本工程本身决定的，而是一种人为的关系。组织方式不同，组织关系也就不同。不同的组织关系会产生不同的经济效果，应通过调整组织关系，并将工艺关系和组织关系有机地结合起来，形成工作项目之间的合理顺序关系。

不同的工程项目，其施工顺序不同。即使是同一类工程项目，其施工顺序也难以做到完全相同，因此，在确定施工顺序时，必须根据工程的特点、技术组织要求以及施工方案等进行研究，不能拘泥于某种固定的顺序。

3. 计算工程量

工程量的计算应根据施工图和工程量计算规则，针对所划分的每一个工作项目进行。当编制施工进度计划时，已有预算文件且工作项目的划分与施工进度计划一致时，可以直接套用施工预算的工程量，不必重新计算。若某些项目有偏差，但偏差不大时，应结合工程的实际情况进行某些必要的调整。计算工程量时应注意以下问题：

（1）工程量的计算单位应与现行定额手册中所规定的计量单位相一致，以便计算劳动力、材料和机械数量时直接套用定额，而不必进行换算。

（2）要结合具体的施工方法和安全技术要求计算工程量。例如计算柱基土方工程量时，应根据所采用的施工方法（单独基坑开挖、基槽开挖还是大开挖）和边坡稳定要求

（放边坡还是加支撑）进行计算。

（3）应结合施工组织的要求，按已划分的施工段分层分段进行计算。

4. 计算劳动量和机械台班数

当某工作项目是由若干个分项工程合并而成时，则应分别根据各分项工程的时间定额（或产量定额）及工程量，按公式（4-1）计算出合并后的综合时间定额（或综合产量定额）。

$$H = \frac{Q_1H_1 + Q_2H_2 + \cdots + Q_iH_i + \cdots + Q_nH_n}{Q_1 + Q_2 + \cdots + Q_i + \cdots + Q_n} \tag{4-1}$$

式中　H——综合时间定额（工日/m^3，工日/m^2，工日/t，……）；

　　　Q_i——工作项目中第i个分项工程的工程量；

　　　H_i——工作项目中第i个分项工程的时间定额。

根据工作项目的工程量和所采用的定额，即可按公式（4-2）或公式（4-3）计算出各工作项目所需要的劳动量和机械台班数。

$$P = Q \cdot H \tag{4-2}$$

　　或

$$P = Q/S \tag{4-3}$$

式中　P——工作项目所需要的劳动量（工日）或机械台班数（台班）；

　　　Q——工作项目的工程量（m^3，m^2，t，……）；

　　　S——工作项目所采用的人工产量定额（m^3/工日，m^2/工日，t/工日）或机械台班产量定额（m^3/台班，m^2/台班，t/台班……）。

零星项目所需要的劳动量可结合实际情况，根据承包单位的经验进行估算。

由于水、暖、电、卫等工程通常由专业施工单位施工，因此，在编制施工进度计划时，不计算其劳动量和机械台班数，仅安排其与土建施工相配合的进度。

5. 确定工作项目的持续时间

根据工作项目所需要的劳动量或机械台班数，以及该工作项目每天安排的工人数或配备的机械台班数，即可按公式（4-4）计算出各工作项目的持续时间。

$$D = \frac{P}{R \cdot B} \tag{4-4}$$

式中　D——完成工作项目所需要的时间，即持续时间（d）；

　　　R——每班安排的工人数或施工机械台班数；

　　　B——每天工作班数；其他符号同前。

在安排每班工人数和机械台班数时，应综合考虑以下问题：

① 要保证各个工作项目上工人班组中每一个工人拥有足够的工作面（不能少于最小工作面），以发挥高效率并保证施工安全。

② 要使各个工作项目上的工人数量不低于正常施工时所必需的最低限度（不能小于

最小劳动组合），以达到最高的劳动生产率。

由此可见，最小工作面限定了每班安排人数的上限，而最小劳动组合限定了每班安排人数的下限。对于施工机械台班数的确定也是如此。

每天的工作班数应根据工作项目施工的技术要求和组织要求来确定。例如浇筑大体积混凝土，要求不留施工缝，连续浇筑时，就必须根据混凝土工程量决定采用双班制或三班制。

以上是根据安排的工人数和配备的机械台班数来确定工作项目的持续时间。但有时根据组织要求（如组织流水施工时），需要采用倒排的方式来安排进度，即先确定各工作项目的持续时间，然后以此来确定所需要的工人数和机械台班数。此时，需要把公式（4-4）变换成公式（4-5），利用该公式即可确定各工作项目所需要的工人数和机械台班数。

$$R = \frac{P}{D \cdot B} \tag{4-5}$$

如果根据上式求得的工人数或机械台数已超过承包单位现有的人力、物力，除了寻求其他途径增加人力、物力外，承包单位应从技术上和施工组织上采取积极措施加以解决。

6. 绘制施工进度计划图

绘制施工进度计划图，首先应选择施工进度计划的表达形式。目前，常用来表达建设工程施工进度计划的方法有横道图和网络图两种形式。横道图比较简单，而且非常直观，多年来被人们广泛地用于表达施工进度计划，并以此作为控制工程进度的主要依据。但是，采用横道图控制工程进度具有一定的局限性。随着计算机的广泛应用，网络计划技术日益受到人们的青睐。

图4-3为现浇框架结构标准层施工网络计划。标准层支柱、抗震墙、电梯井、楼梯、梁、楼板及暗管铺设等工作项目，其支柱和抗震墙是先绑扎钢筋，再支模板；电梯井是先支内模板，再绑扎钢筋，然后再支外模板、楼梯、梁和楼板则是先支模板，再绑扎钢筋。

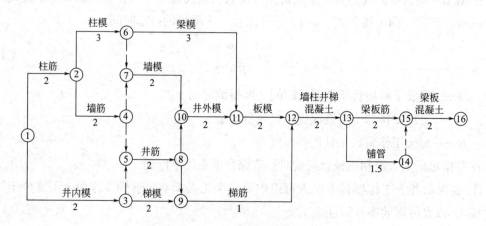

图4-3 现浇框架结构标准层施工网络计划

7. 施工进度计划的检查与调整

当施工进度计划初步方案编制好后，需要对其进行检查与调整，以便使进度计划更加合理，进度计划检查的主要内容包括：

（1）各工作项目的施工顺序、平行搭接和技术间歇是否合理。

（2）总工期是否满足合同规定。

（3）主要工种的工人是否能满足连续、均衡施工的要求。

（4）主要机具、材料等的利用是否均衡和充分。

在上述四个方面中，首要的是前两方面的检查，如果不满足要求，必须进行调整。只有在前两个方面均达到要求的前提下，才能进行后两个方面的检查与调整。前者是解决可行与否的问题，而后者则是优化的问题。

进度计划的初始方案若是网络计划，分别进行工期优化、费用优化及资源优化。待优化结束后，还可将优化后的方案用时标网络计划表达出来，以便有关人员更直观地了解进度计划。

三、资源供应计划的编制

建设工程资源供应计划是对建设工程施工及安装所需资源的预测和安排，是指导和组织建设工程资源采购、加工、储备、供货和使用的依据。其根本作用是保障建设工程的资源需要，保证建设工程按施工进度计划组织施工。

编制资源供应计划的一般程序分为准备阶段和编制阶段。准备阶段主要是调查研究，收集有关资料，进行需求预测和购买决策。编制阶段主要是核算需要、确定储备、优化平衡，审查评价和上报或交付执行。

在编制资源供应计划的准备阶段，项目监理机构必须明确资源的供应方式。按供应单位划分，资源供应可分为建设单位采购供应、专门资源采购部门供应、施工单位自行采购或共同协作分头采购供应。

资源供应计划按其内容和用途分类，主要包括：资源需求计划、资源供应计划、资源储备计划、申请与订货计划、采购与加工计划和国外进口资源计划。

通常，项目监理机构除编制建设单位负责供应的资源计划外，还需对施工单位和专门资源采购供应部门提交的资源供应计划进行审核。因此，负责资源供应的监理人员应具有编制资源供应计划的能力。

1. 资源需求计划的编制

资源需求计划是指反映完成建设工程所需资源情况的计划。它的编制依据主要有施工图纸、预算文件、工程合同、项目总进度计划和各分包工程提交的材料需求计划等。资源需求计划的主要作用是确认需求，施工过程中所涉及的大量建筑材料、制品、机具和设备，确定需求的品种、型号、规格、数量和时间。它为组织备料、确定仓库与堆场面积和组织运输等提供依据。

资源需求计划一般包括一次性需求计划和各计划期需求计划。编制需求计划的关键是确定需求量。

（1）建设工程一次性需求量的确定。一次性需求计划，反映整个工程项目及各分部、分项工程材料的需用量，亦称为工程项目材料分析，主要用于组织货源和专用特殊材料、制品的落实。其计算程序可分为以下三步：

① 根据设计文件、施工方案和技术计算施工预算中建设工程各分部、分项工程量。

② 根据各分部、分项工程的施工方法套取相应的材料定额，求出材料的需求量。

③ 汇总各分部、分项工程的材料需求量，求得整个建设工程各种材料的总需求量。

（2）建设工程各计划期需求量的确定。计划期资源需求量一般指年、季度资源需求计划，主要用于组织资源采购、订货和供应。

2. 资源储备计划的编制

资源储备计划是用来反映建设工程施工过程中所需各类材料储备时间及储备量的计划。它的编制依据是资源需求计划、储备定额、储备方式、供应方式和场地条件等。

3. 资源供应计划的编制

资源供应计划是反映资源的需要与供应的平衡、挖潜利库，安排供应的计划。它的编制依据是需求计划、储备计划和货源资料等。它的作用是组织指导资源供应工作。资源供应计划的编制，是在确定计划需求量的基础上，经过综合平衡后，提出申请量和采购量。因此，供应计划的编制过程也是一个平衡过程，包括数量、时间的平衡。在实际工作中，首先考虑的是数量的平衡，因为计划期的需用量不是申请量或采购量，也不仅是实际需用量，还必须扣除库存量，考虑为保证下一期施工所必需的储备。因此，供应计划的数量平衡关系是：期内需用量减去期初库存量，再加上期末储备量。经过上述平衡，如果出现正值时，说明本期不足，需要补充；反之，如果出现负值，说明本期多余，可供外调。

建设工程材料的储备量主要由材料的供应方式和现场条件决定，一般应保持35天的用量。有时可以在施工现场不储备，例如在单层工业厂房施工过程中，预制构件采用随运随吊的吊装施工方案时，不需要现场储备。

4. 申请、订货计划的编制

申请、订货计划是指向上级要求分配材料的计划和分配指标下达后组织订货的计划。它的编制依据是有关材料供应政策法令、预测任务、概算定额、分配指标、材料规格比例和供应计划。它的主要作用是根据需求组织订货。

资源供应计划确定后，即可以确定主要资源的申请计划。

订货计划通常采用卡片形式，以便把不同自然属性（如规格、质量、技术条件、代用材料）和交货条件反映清楚。订货卡片填好后，按资源类别汇入订货明细表。国外进口材料计划也使用订货卡片，正常要求中、英文对照填写。制造周期长的关键大型设备在初步设计审批以后安排，一般设备可按工程项目年度计划与设备清单安排订货。

5. 采购、加工计划的编制

采购、加工计划是指向市场采购或专门加工订货的计划。它的编制依据是需求计划、市场供应信息、加工能力及分布。它的作用是组织和指导采购与加工工作。加工、订货计划要附加工详图。

6. **国外进口资源计划的编制**

国外进口资源计划是指需要从国外进口资源又得到动用外汇的批准后，填报进口订货卡，通过外贸谈判并签约。它的编制依据是设计选用进口材料所依据的产品目录、样本。它的主要作用是组织进口材料和设备的供应工作。

四、项目监理机构对施工进度计划的审查

在工程项目开工前，项目监理机构应审查施工单位报审的施工总进度计划和阶段性施工进度计划，提出审查意见，并应由项目总监理工程师审核后报建设单位。

1. **施工进度计划审查基本内容**

施工进度计划审查应包括下列基本内容：

（1）施工进度计划应符合施工合同中工期的约定。

（2）施工进度计划中主要工程项目无遗漏，应满足分批投入试运、分批动用的需要，阶段性施工进度计划应满足总进度控制目标的要求。

（3）施工顺序的安排应符合施工工艺要求。

（4）施工人员、工程材料、施工机械等资源供应计划应满足施工进度计划的需要。

（5）施工进度计划应符合建设单位提供的资金、施工图纸、施工场地、资源等施工条件。

2. **资源供应计划的审核**

资源供应单位或施工承包单位编制的资源供应计划必须经项目监理机构审核，并得到认可后才能执行。资源供应计划审核的主要内容包括：

（1）供应计划是否能按建设工程施工进度计划的需要及时供应材料和设备。

（2）资源的库存量安排是否经济、合理。

（3）资源采购安排在时间上和数量上是否经济、合理。

（4）出于资源供应紧张或不足而使施工进度拖延现象发生的可能性。

项目监理机构收到施工单位报审的施工总进度计划、阶段性施工进度计划和资源供应计划时，提出审查意见，应以监理通知单的方式及时向施工单位提出书面修改意见，并对施工单位调整后的进度计划重新进行审查，发现重大问题时应及时向建设单位报告。施工进度计划经总项目监理机构审核签认，并报建设单位批准后方可实施。

第三节　施工进度计划实施中的检查与调整 ▶▶

施工进度计划由施工单位编制完成后，应提交给项目监理机构审查，待项目监理机构审查确认后即可付诸实施。施工单位在执行施工进度计划的过程中，应接受项目监理机构的监督与检查。而项目监理机构应定期向建设单位报告工程进展状况。

一、影响建设工程施工进度的因素

为了对建设工程施工进度进行有效的控制，项目监理机构必须在施工进度计划实施之前对影响建设工程施工进度的因素进行分析，进而提出保证施工进度计划实施成功的措施，以实现对建设工程施工进度的主动控制，影响建设工程施工进度的因素有很多，归纳起来，主要有以下几个方面：

1. 工程建设相关单位的影响

影响建设工程施工进度的单位不只是施工承包单位。事实上，只要是与工程建设有关的单位（如政府部门、业主、设计单位、资源供应单位、资金贷款单位，以及运输、通信、供电部门等），其工作进度的拖后必将对施工进度产生影响。因此，控制施工进度仅仅考虑施工承包单位是不够的，必须充分发挥监理的作用，协调各相关单位之间的进度关系。而对于那些无法进行协调控制的进度关系，在进度计划的安排中应留出足够的机动时间。

2. 资源供应进度的影响

施工过程中需要的材料、构配件、机具和设备等如果不能按期运抵施工现场或者运抵施工现场后发现其质量不符合有关标准的要求，都会对施工进度产生影响。因此，项目监理机构应严格把关，采取有效的措施控制好资源供应进度。

3. 资金的影响

工程施工的顺利进行必须有足够的资金作保障。一般来说，资金的影响主要来自业主，或者是由于没有及时给足工程预付款，或者是由于拖欠了工程进度款，这些都会影响到承包单位流动资金的周转，进而影响施工进度。项目监理机构应根据业主的资金供应能力，安排好施工进度计划，并督促业主及时拨付工程预付款和工程进度款，以免因资金供应不足拖延进度，导致工期索赔。

4. 设计变更的影响

在施工过程中出现设计变更是难免的，或者是由于原设计有问题需要修改，或者是出于业主提出了新的要求。项目监理机构应加强图纸的审查，严格控制随意变更，特别应对业主的变更要求进行制约。

5. 施工条件的影响

在施工过程中一旦遇到气候、水文、地质及周围环境等方面的不利因素，必然会影响到施工进度。此时，承包单位应利用自身的技术组织能力予以克服。项目监理机构应积极疏通关系，协助承包单位解决那些自身不能解决的问题。

6. 各种风险因素的影响

风险因素包括政治、经济、技术及自然等方面的各种可预见或不可预见的因素。政治方面的有战争、内乱、罢工、拒付债务、制裁等；经济方面的有延迟付款、汇率浮动、换汇控制、通货膨胀、分包单位违约等；技术方面的有工程事故、试验失败、标准变化等；自然方面的有地震、洪水等。项目监理机构必须对各种风险因素进行分析，提出控制风险、减少风险损失及对施工进度影响的措施，并对发生的风险事件给予恰当的处理。

7. 承包单位自身管理水平的影响

施工现场的情况千变万化，如果承包单位的施工方案不当，计划不周，管理不善，解决问题不及时等，都会影响建设工程的施工进度。承包单位应通过分析、总结吸取教训，及时改进。而项目监理机构应提供服务，协助承包单位解决问题，以确保施工进度控制目标的实现。正是由于上述因素的影响，才使得施工阶段的进度控制显得非常重要。在施工进度计划的实施过程中，项目监理机构一旦掌握了工程的实际进展情况以及产生问题的原因之后，其影响是可以得到控制的。当然，上述某些影响因素，如自然灾害等是无法避免的，但在大多数情况下，其损失是可以通过有效的进度控制而得到弥补的。

二、施工进度的动态检查

在施工进度计划的实施过程中，由于各种因素的影响，常常会打乱原始计划的安排而出现进度偏差。因此，项目监理机构必须对施工进度计划的执行情况进行动态检查，并分析进度偏差产生的原因，以便为施工进度计划的调整提供必要的信息。

1. 施工进度的检查方式

在建设工程施工过程中，项目监理机构可以通过以下方式获得其实际进展情况：

（1）定期地、经常地收集由承包单位提交的有关进度报表资料。

工程施工进度报表资料，不仅是项目监理机构实施进度控制的依据，同时也是其核对工程进度款的依据。在一般情况下，进度报表格式由项目监理机构提供给施工承包单位，施工承包单位按时填写完后提交给项目监理机构核查。报表的内容根据施工对象及承包方式的不同而有所区别，但一般应包括工作的开始时间、完成时间、持续时间、逻辑关系、实物工程量和工作量，以及工作时差的利用情况等。承包单位若能准确地填报进度报表，项目监理机构就能从中了解到建设工程的实际进展情况。

（2）由监理人员现场跟踪检查建设工程的实际进展情况。

为了避免施工承包单位超报已完工程量，监理人员有必要进行现场实地检查和监督。至于每隔多长时间检查一次，应视建设工程的类型、规模、监理范围及施工现场的条件等多方面的因素而定。可以每月或每半月检查一次，也可每旬或每周检查一次。如果在某一施工阶段出现不利情况时，甚至需要每天检查。

除上述两种方式外，由项目监理机构定期组织现场施工负责人召开现场会议，也是获得建设工程实际进展情况的一种方式。通过这种面对面的交谈，项目监理机构可以从中了解到施工过程中的潜在问题，以便及时采取相应的措施加以预防。

2. 施工进度的检查方法

施工进度检查的主要方法是对比法，常用的比较方法有横道图、S形曲线、香蕉曲线、前锋线和列表比较法。将经过整理的实际进度数据与计划进度数据进行比较，从中发现是否出现进度偏差以及计算进度偏差的大小。

通过检查分析，如果进度偏差比较小，应在分析其产生原因的基础上采取有效措施，解决矛盾，排除障碍，继续执行原进度计划。如果经过努力，确实不能按原计划实现时，再考虑对原计划进行必要的调整，即适当延长工期，或改变施工速度。计划的调整一般是不可避免的，但应当慎重，尽量减少变更计划性的调整。

三、施工进度计划的调整

通过检查分析，如果发现原有进度计划已不能适应实际情况时，为了确保进度控制目标的实现或需要确定新的计划目标，就必须对原有进度计划进行调整，以形成新的进度计划，作为进度控制的新依据。

施工进度计划的调整方法主要有两种：一是通过缩短关键工作的持续时间来缩短工期；二是通过改变相关工作间的逻辑关系来缩短工期。在实际工作中应根据具体情况选用上述方法进行进度计划的调整。

1. 缩短关键工作的持续时间

这种方法的特点是不改变工作之间的先后顺序关系，通过缩短网络计划中关键线路上工作的持续时间来缩短工期。这时，通常需要采取一定的措施来达到目的。具体措施包括：

（1）组织措施

① 增加工作面，组织更多的施工队伍；

② 增加每天的施工时间（如采用三班制等）；

③ 增加劳动力和施工机械的数量。

（2）技术措施

① 改进施工工艺和施工技术，缩短工艺技术间歇时间；

② 采用更先进的施工方法，以减少施工过程的数量（如将现浇框架方案改为预制装配方案）；

③ 采用更先进的施工机械。

（3）经济措施

① 实行包干奖励；

② 提成奖金数额；

③ 对所采取的技术措施给予相应的经济补偿。

（4）其他配套措施

① 改善外部配合条件；

② 改善劳动条件；

③ 实施强有力的调度等。

一般来说，不管采取哪种措施，都会增加费用。因此，在调整施工进度计划时，应利用费用优化的原理选择费用增加量最小的关键工作作为压缩对象。

2. 改变相关工作间的逻辑关系

这种方法的特点是不改变工作的持续时间，而只改变工作的开始时间和完成时间。对于大型建设工程，由于其单位工程较多且相互间的制约比较小，可调整的幅度比较大，所以容易采用平行作业的方法来调整施工进度计划。而对于单位工程项目，由于受工作之间工艺关系的限制，可调整的幅度比较小，所以通常采用搭接作业的方法调整施工进度计划。

但不管是搭接作业还是平行作业，建设工程在单位时间内的资源需求量将会增加。除了分别采用上述两种方法来缩短工期外，有时由于工期拖延得太多，当采用某种方法进行调整，其可调整的幅度又受到限制时，还可以同时利用这两种方法对同一施工进度计划进行调整，以满足工期目标的要求。

第 五 章 工程造价控制

建设工程造价控制是工程监理的一项主要工作任务，贯穿于监理工作的各个环节。根据《建设工程监理规范》GB/T 50319 的规定，工程监理单位要依据法律法规、工程建设标准、勘察设计文件及合同，在施工阶段对建设工程进行造价控制。

第一节　建设工程项目造价控制概述 ▶▶

一、建设工程项目总投资的概念

建设工程项目总投资是指为完成工程项目建设并达到使用要求或生产条件，在建设期内预计或者实际投入的全部费用总和。生产性建设工程项目总投资包括建设投资、建设期利息和铺底流动资金三部分；非生产性建设工程项目总投资包括建设投资和建设期利息两部分。

建设投资，由设备及工器具购置费、建筑安装工程费、工程建设其他费用和预备费组成，其中预备费包括基本预备费和涨价预备费。

二、建设工程总投资构成

建设工程项目总投资包括固定资产投资和流动资产投资。其中固定资产投资也称工程造价，流动资产投资也称流动资金。固定资产投资包括建设投资和建设期利息两个部分。固定资产投资可以分为静态投资部分和动态投资两部分。静态投资部分由建筑安装工程费、设备及工器具购置费、工程建设其他费和基本预备费构成。动态投资部分，是指在建设期内，因建设期利息和国家新批准的税费、汇率、利率变动以及建设期价格变动引起的建设投资增加额，包括涨价预备费、建设期利息等。

我国现行建设工程总投资构成如图5-1所示。

工程造价，一般是指一项工程预计开支或实际开支的全部固定资产投资费用，按照这个意义，工程造价与建设投资的概念是一致的，所以，业内人士通常在讨论建设投资时，经常使用工程造价这个概念。在实际应用中，工程造价还有另一种含义，那就是指工程价格，即为建成一项工程，预计或实际在土地市场、设备市场、技术劳务市场以及承包市场等交易活动中所形成的建筑安装工程的价格和建设工程的总价格。

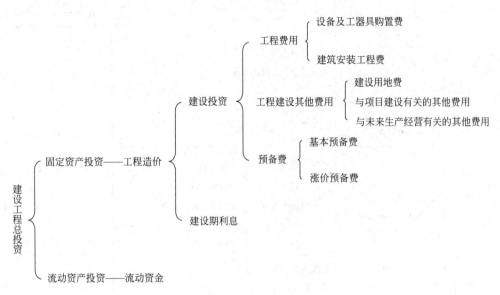

图 5-1 我国现行建设工程总投资构成

（一）设备及工器具购置费

设备及工器具购置费，是指按照建设工程设计文件要求，建设单位（或其委托单位）购置或自制达到固定资产标准的设备和新、扩建项目配置的首套工器具及生产家具所需的费用。设备及工器具购置费由设备原价、工器具原价和运杂费（包括设备成套公司服务费）组成。在生产性建设工程项目中，设备及工器具投资主要表现为其他部门创造的价值向建设工程项目中的转移，但这部分投资是建设工程投资中的积极部分，它占项目投资比重的提高，意味着生产技术的进步和资本有机构成的提高。

（二）建筑安装工程费

建筑安装工程费，是指建设单位用于建筑和安装工程方面的投资，它由建筑工程费和安装工程费两部分组成。建筑工程费是指建设工程涉及范围内的建筑物，构筑物，场地平整，道路、室外管道铺设，大型土石方工程等费用。安装工程费是指主要生产、辅助生产、公用工程等单项工程中需要安装的机械设备、电器设备、专用设备、仪器仪表等设备的安装及配件工程费，以及工艺、供热、供水等各种管道、配件、闸门和供电外线安装工程费用等。

1. **按费用构成要素划分**

建筑安装工程费按照费用构成要素划分，包括人工费、材料费、施工机具使用费、企业管理费、利润、规费和税金，见图 5-2。

2. **按造价形成划分**

按照工程造价形成，建筑安装工程费包括分部分项工程费、措施项目费、其他项目费、规费和税金组成，见图 5-3。

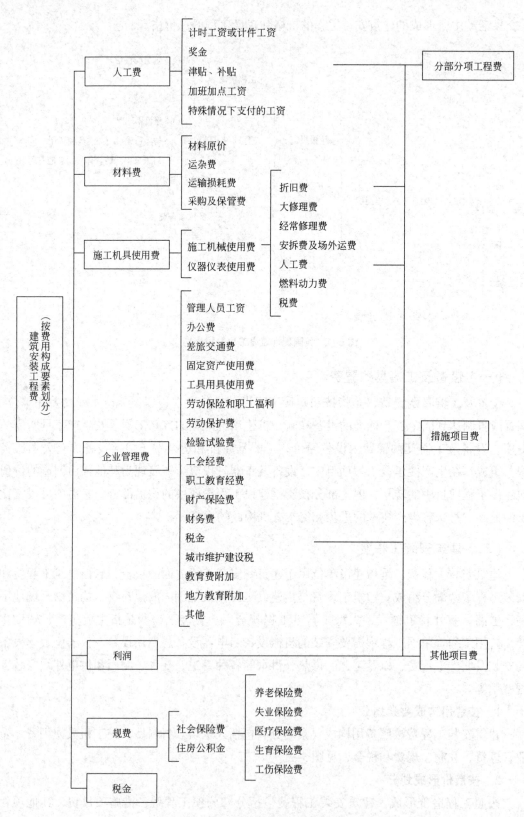

图 5-2 建筑安装工程费用按构成要素划分

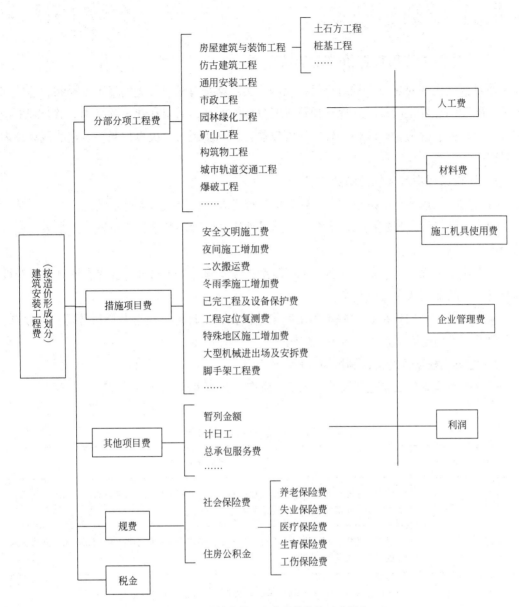

图 5-3　建筑安装工程费用按造价形成划分

（三）工程建设其他费用

工程建设其他费用，是指未纳入设备及工器具购置费和建筑安装工程费的，根据设计文件要求和国家有关规定应由项目投资支付的为保证工程建设顺利完成和交付使用后能够正常发挥效用而发生的一些费用。工程建设其他费用可分为三类：

第一类是建设用地费，包括土地征用及迁移补偿费和土地使用权出让金。

第二类是与项目建设有关的费用，包括建设管理费、勘察设计费、研究试验费、建设工程监理费等。

第三类是与未来生产经营有关的费用，包括联合试运转费、生产准备费、办公和生活家具购置费等。

三、建设工程项目造价控制的特点

项目监理机构对建设工程造价进行控制，实际就是对建设费用的确定、控制、监督和管理，随时纠正发生的偏差，保证项目投资目标的实现，力求在建设项目中能够合理地使用人力、物力、财力，以取得较好的投资效益，最终实现竣工决算控制在审定的概算额内的目标。

1. 建设工程项目造价控制的特点

（1）建设工程项目参建单位多，施工协调难度大，造价控制水平差异大。

（2）建设工程项目规模大，专业多，涉及面广，管理环节多，不可预见因素多，使得工程造价控制难度大。

（3）建设工程项目涉及专业多，工程复杂，在实施过程进行设计变更在所难免，对设计变更产生的费用认定比较复杂。

（4）建设工程项目存在一些不确定因素，例如，工程地下情况和周边环境比较复杂，不可预见、不确定因素较多，容易产生索赔。

2. 建设工程项目造价控制风险分析（表5-1）

造价控制的风险主要包括设计、施工、咨询、技术风险等。

建设工程项目造价控制风险分析 表 5-1

风险来源		风险分析
技术风险	设计	设计内容不全，设计缺陷、错误和遗漏，规范使用不恰当，未考虑施工可行性、技术方案（特别是软基处理方案）经济性等
	施工	施工工艺落后，不合格的施工技术和方案，施工安全措施不当，应用新技术、新方案的失败，未考虑现场情况等
	咨询	标底计算有误、招标文件的选用不够周密、工程量清单计算错误
	组织协调	建设单位和上级主管部门的协商，建设单位和设计、施工单位的协调，建设单位内部的组织协调等
	合同	合同条款遗漏、表达有误，合同类型选择不当，索赔管理不力等
	人员	建设单位人员、设计人员、监理人员、施工技术管理人员的素质

四、建设工程项目造价控制的措施

建设工程项目在施工阶段需要投入大量的人力、物力、财力等，消耗建设费用最多，可能出现浪费投资的情况，因此，监理单位应督促承包单位精心组织施工，挖掘各方面潜力，节约资源消耗。项目监理机构应从组织、经济、技术、管理等多方面采取措施进行造价控制，具体措施如下：

1. 组织措施

（1）在项目监理机构中落实从造价控制角度进行施工跟踪的人员、任务分工和职能分工。

（2）编制本阶段造价控制工作计划和详细的工作流程图。

2. 经济措施

（1）编制资金使用计划，确定、分解造价控制目标。对工程项目造价目标进行风险分析，并制定防范性对策。

（2）进行工程计量。

（3）复核工程付款账单，签发付款证书。

（4）在施工过程中进行投资跟踪控制，定期进行投资实际支出值与计划目标值的比较；发现偏差，分析产生偏差的原因，并采取纠偏措施。

（5）协商确定工程变更的价款。审核竣工结算。

（6）对工程施工过程中的投资支出做好分析与预测，经常或定期向建设单位提交项目造价控制及其存在问题的报告。

3. 技术措施

（1）对设计变更进行技术经济比较，严格控制设计变更。

（2）继续寻找通过设计挖潜节约投资的可能性。

（3）审核承包单位编制的施工组织设计，对主要施工方案进行技术经济分析。

4. 管理措施

（1）做好工程施工记录，保存各种文件图纸，特别是注有实际施工变更情况的图纸，注意积累原始资料，为正确处理可能发生的索赔提供依据。参与处理索赔事宜。

（2）参与合同修改、补充工作，着重考虑它对造价控制的影响。

第二节　建设工程施工阶段造价控制　▶▶

根据《建设工程监理规范》GB/T 50319的规定，工程监理单位在施工阶段对建设工程造价进行事前、事中、事后控制，其主要工作包括：依据合同确定造价控制目标、施工图纸会审、工程计量和付款签证、对完成工程量进行偏差分析、竣工结算款审核、处理施工单位提出的工程变更费用、处理费用索赔等。

一、建设工程造价控制流程

工程造价控制流程，如图5-4所示。

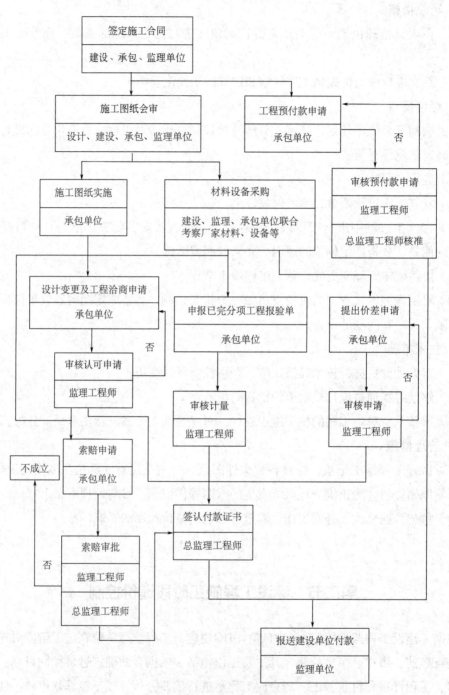

图 5-4　工程造价控制流程图

二、建设工程项目造价控制的主要工作

（一）工程计量

工程计量，是指以工程图设计文件和工程量的计算规则为依据来确定建筑工程量。工程量计量应按照国家现行相关工程量计算规范进行，这样可减少工程计量争议，规范工程计量行为。发包人按照准确的工程计量和计价向承包人支付合同价款。一般来说，工程量计量按月进行。

1. 工程计量的依据

工程计量依据一般包括质量合格证书、工程量计算规范和设计图纸等。

（1）质量合格证书

对于施工单位的已完工程，并不是全部进行计量，而只有质量达到合同标准的已完工程才予以计量。因此工程计量必须与项目监理机构的质量检验紧密配合，经过项目监理机构检验，工程质量达到合同规定的标准后，由专业监理工程师签署报验申请表（质量合格证书），只有质量合格的工程才予以计量。项目监理机构的质量检验是工程计量的基础，通过工程计量及支付，增强承包人的质量意识。

（2）工程量计算规范

工程量清单计算规范，施工技术规程、规范、技术标准等规定是确定计量方法的依据。工程量清单计算规范规定了每一项目的计量方法，同时还规定了按规定计量方法确定的单价所包括的工作内容和范围。详见《房屋建筑与装饰工程工程量计算规范》GB 50854—2013、《通用安装工程工程量计算规范》GB 50856—2013、《市政工程工程量计算规范》GB 50857—2013等。

（3）设计图纸

经审批的工程施工图纸及其他有效设计文件。单价合同以实际完成的工程量进行结算，但被项目监理机构计量的工程量，并不一定是施工单位的实际施工量。计量的几何尺寸要以设计图纸为依据，项目监理机构对施工单位超过设计图纸要求增加的工程量和自身原因造成返工的工程量，不予计量。

2. 工程计量的原则

根据合同条款和工程量清单说明的有关规定，工程量清单中的工程量是根据设计文件提供的估算工程量，不作为施工单位最终结算和支付的依据。工程计量应以相关国家标准、行业标准等为依据，按照合同约定的工程量计算规则、图纸及工程变更等进行计量。若发现工程量清单中出现漏项、工程量计算偏差，以及工程变更引起的工程量增减变化，应据实调整，正确计量。对于不符合合同文件要求的工程，承包人超出施工图纸规范或因承包人原因造成返工的工程量，不予计量。

工程计量时应依照合同条款和技术规范进行，并遵循以下原则：

（1）工程计量的项目，其质量必须符合技术规范的要求，检查验收合格，签认手续

齐全。

（2）工程计量的范围、内容、方法和计量单位必须符合合同条款、技术规范、工程量清单说明等规定。

（3）单项工程最终计量一般不得超过单项工程计量台账中的最终审定数量。

（4）变更工程、索赔工程无批准文件不予计量。

（5）计量支付不解除施工单位的任何合同义务，如果计量工程存在质量缺陷，仍不能免除施工单位无偿返工的责任。

（6）监理工程师可用签发期中支付证书的方式对过去签发的证书作出更正或修正。如果监理工程师认为正在进行的工程不符合合同要求，监理工程师有权在任何一期期中支付证书中扣除或折减工程的价款。

3. 工程计量程序

工程计量一般包括单价合同的计量、总价合同的计量和其他价格形式的合同计量。其他价格形式的合同计量一般由合同当事人在专用合同条款中约定计量方式和程序。

（1）单价合同的计量

按《建设工程施工合同（示范文本）》GF-2017-0201，除专用合同条款另有约定外，单价合同的计量按照如下约定执行：

1）承包人应于每月25日向监理人报送上月20日至当月19日已完成的工程量报告，并附具进度付款申请单、已完成工程量报表和有关资料。

2）监理人应在收到承包人提交的工程量报告后7天内完成对承包人提交的工程量报表的审核并报送发包人，以确定当月实际完成的工程量。监理人对工程量有异议的，有权要求承包人进行共同复核或抽样复测。承包人应协助监理人进行复核或抽样复测，并按监理人要求提供补充计量资料。承包人未按监理人要求参加复核或抽样复测的，监理人复核或修正的工程量视为承包人实际完成的工程量。

3）监理人未在收到承包人提交的工程量报表后的7天内完成审核的，承包人报送的工程量报告中的工程量视为承包人实际完成的工程量，据此计算工程价款。

（2）总价合同的计量

除专用合同条款另有约定外，按月计量支付的总价合同，按照如下约定执行：

1）承包人应于每月25日向监理人报送上月20日至当月19日已完成的工程量报告，并附具进度付款申请单、已完成工程量报表和有关资料。

2）监理人应在收到承包人提交的工程量报告后7天内完成对承包人提交的工程量报表的审核并报送发包人，以确定当月实际完成的工程量。监理人对工程量有异议的，有权要求承包人进行共同复核或抽样复测。承包人应协助监理人进行复核或抽样复测，并按监理人要求提供补充计量资料。承包人未按监理人要求参加复核或抽样复测的，监理人审核或修正的工程量视为承包人实际完成的工程量。

3）监理人未在收到承包人提交的工程量报表后的7天内完成复核的，承包人提交的工程量报告中的工程量视为承包人实际完成的工程量。

（3）工程计量程序

1）承包人提出计量申请或通知，提交计量有关资料。

2）监理人对计量资料的真实性、完整性、准确性进行认真的审查，确定其满足规范要求后才能签认。

3）监理人现场核实，填写计量记录。

4）由承包人填写中间计量汇总表，监理人签认。

5）报建设单位审批。

工程计量程序见图5-5。

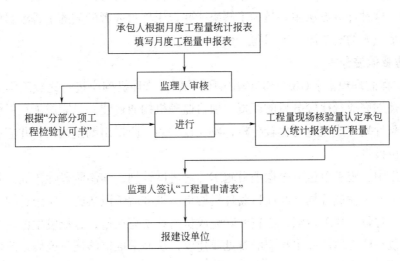

图5-5 工程计量控制流程图

4. 工程计量的方法

工程量计量的方法一般有以下几种：

（1）均摊法

均摊法，就是对清单中某些项目的合同价款，按照合同工期平均计量。如保养测量设备，保养气象记录设备，维护工地清洁和整洁等。这种计量方法适用于每月均有发生的项目。

（2）凭据法

凭据法，就是按照承包人提供的凭据进行计量支付。如建筑工程险保险费、第三方责任保险费、履约保证金等项目，一般按凭据法进行计量支付。

（3）估价法

估价法，就是按照合同文件的规定，根据监理工程师估算的已完成的工程价值支付。如为监理工程师提供测量设备、天气记录设备、通信设备等项目。这类清单项目往往要购买几种仪器设备，当承包人对于某一项目清单中规定购买的仪器设备不能一次购进时，则需要采用估价法进行计量支付。

（4）断面法

断面法主要用于土方工程量的计量。对于回填土方工程，一般规定计量的体积为原地面线与设计断面所构成的体积。采用这种方法计量时，在开工前承包人需测绘出原地形的断面，并需经监理工程师检查，作为计量的依据。

（5）图纸法

在工程量清单中，许多项目都采取按照设计图纸所示的尺寸进行计量。如混凝土构筑物的体积，钻孔桩的桩长等。

（6）分解计量法

分解计量法，就是将一个项目根据工序或者部位分解为若干子项。对完成的各子项进行计量支付。这种计量方法主要是为了解决一些包干项目或者较大的工程项目的支付时间过长，影响承包人的资金流动等问题。

5. 工程量偏差分析

《建设工程监理规范》GB/T 50319中明确了项目监理机构应进行完成工程量统计及实际完成量与计划完成量比较分析的职责。项目监理机构通过建立月完成工程量统计表，对实际完成量与计划完成量进行比较分析，发现偏差的，应提出调整建议，并应在监理月报中向建设单位报告。

实际工作中，施工单位可根据项目施工的总进度计划，编制阶段性（周、月或支付周期）工程量（款）完成计划，经项目监理机构审核批准后予以实施。实施过程中，项目监理机构建立工程量（款）台账，比较实际完成量与计划完成量，分析发生偏差的原因，及时向建设单位和施工单位提出相应的意见或建议，从而采取措施调整或修改阶段性施工进度计划或施工总进度计划。

6. 工程计量控制措施

工程计量控制是监理工作的重要内容和关键环节，对实现项目造价控制目标具有重要作用，因此，项目监理机构应采取措施进行计量控制。

（1）对不符合合同文件要求的工程，不合格材料不予计量，监理工程师未签认的计量项目不予计量。即工程必须满足设计图纸、技术规范等要求，有关资料齐全，手续齐备，满足合同文件要求的工程项目才能进行计量。严格按合同文件所规定的方法、范围、内容和单位计量。对合同中没有具体规定而实际中又需要计量时，监理工程师与建设单位、承包人协商计量方法。

（2）严格执行工程计量程序。监理工程师根据工程量或建设单位批准的单价，按照已经计量的工程量，向建设单位提供付款证明，由建设单位向施工单位付款。监理工程师进场后应编制计量支付程序，报建设单位审批后严格执行。

（3）采取主动控制，事先预防，防止超概算。采取调节方法，当发现偏差时，应找出原因，及时纠正。

（4）建立详细的计量台账。合同实施中，监理工程师必须对所有已经完成的工程项目进行计量和记录，以便检查承包人以后的月度支付单。监理工程师还必须对涉及付款的工程在施工中发生的一切问题进行详尽的记录。有关计日工、劳力、材料、机械实际使用情况的记录，涉及合同条款计算调价和索赔的，亦应妥善保存。

（5）在计量工作中，监理工程师应特别注意那些下一个计量日期已无法计量的隐蔽工程的计量，详细审查施工记录报表，避免引起纠纷。

（二）现场签证

工程现场签证（以下简称"现场签证"）是施工过程中出现与合同规定的情况、条件不符的事件时，针对施工图纸、设计变更所确定的工程内容以外，施工图预算或预算定额取费中未包含，而施工过程中确须发生费用的施工内容所办理的签证（不包括设计变更的内容）。发包人现场代表（或其授权的监理人、工程造价咨询人）与承包人现场代表就施工过程中涉及的责任事件所作的签认证明。

对于施工合同约定以外的事件所引起的费用或工期变化，且施工单位在规定时间内提出签证要求的，项目监理机构应客观公正、实事求是予以签证。

1. 现场签证的情形

现场签证一般包括以下几种情形：

（1）发包人的口头指令，需要承包人将其提出，由发包人转换成书面签证。

（2）发包人的书面通知如涉及工程实施，需要承包人就完成此通知需要的人工、材料、机械设备等内容向发包人提出，取得发包人的签证确认。

（3）合同工程招标工程量清单中已有，但施工中发现与其不符，比如土方类别等，需承包人及时向发包人提出签证确认，以便调整合同价款。

（4）由于发包人原因，未按合同约定提供场地、材料、设备或停水、停电等造成承包人停工，需承包人及时向发包人提出签证确认，以便计算索赔费用。

（5）合同中约定的材料等价格由于市场发生变化，需承包人向发包人提出采购数量及单价，以取得发包人的签证确认。

现场需要办理现场签证时，建设单位、监理单位、施工单位等现场查验，办理现场签证原始凭证。

2. 现场签证的范围

现场签证的范围一般包括：

（1）适用于施工合同以外零星工程的确认。

（2）在施工过程中发生变更后需要现场确认的工程量。

（3）非施工单位原因导致的人工、设备窝工及有关损失。

（4）符合施工合同规定的非施工单位原因引起的工程量或费用增减。

（5）确认修改施工方案引起的工程量或费用增减。

（6）工程变更导致的工程施工措施费增减等。

3. 现场签证的程序

（1）工程经济签证事项发生前，施工单位及时向建设单位和项目监理机构提出签证要求并提供相关资料。

（2）签证事项发生时，项目监理机构会同建设单位、施工单位相关人员现场计量、确认，形成各方签字认可的原始凭证。

（3）施工单位在合同约定的时效内向项目监理机构报送签证文件，包括签证原因、内容、工程量等，应附图示说明和原始凭证，必要时附现场照片。

（4）专业监理工程师应重点审查签证事项描述、附图示说明（表）、工程量等内容，审核无误并经总监理工程师签署意见后，报建设单位审批。

4. 现场签证费用控制

现场签证费用的计价方式包括两种：第一种是完成合同以外的零星工作时，按计日工单价计算。此时提交现场签证费用申请时应包括下列证明材料：

（1）工作名称、内容、数量。

（2）投入该工作所有人员的姓名、工种、级别和耗用工时。

（3）投入该工作的材料类别和数量。

（4）投入该工作的施工设备型号、台数和耗用台时。

（5）监理人提交的其他资料和凭证。

第二种是完成其他非承包人责任引起的事件，应按合同中的约定计算。

项目监理机构应定期统计现场签证导致造价变动情况，与投资规划限额对比；超过投资规划限额时应分析原因，实施投资纠偏。

5. 现场签证审核内容及注意事项

（1）审核内容

各专业监理工程师应按专业分工办理现场签证。属于专业交叉的签证，应由相关专业监理工程师会签。项目监理机构应审核施工单位申报的现场签证，主要审核以下内容：

1）签证依据、签证内容真实、合理、完整。

2）与设计文件、工程变更、会议纪要等相符。

3）办理时限符合合同规定。

4）工程量及造价计算准确。

（2）注意事项

项目监理机构进行现场签证审核时，应注意以下几个问题：

1）时效性

监理工程师应关注变更签证的时效性，避免事隔多日才补办签证，导致现场签证内容与实际不符的情况发生。此外，应加强管理，防止签证随意性、无正当理由拖延和拒签现象。

2）避免重复计量

单元工程中已有的工程量不能重复计量。既要核实工程量，又要从全局把握工程量计量是否合理准确。

3）掌握标书中对计日工的规定

监理工程师应认真研究招标文件中对计日工的规定，避免错计、漏记和重复计的问题。

（三）工程变更价款

项目监理机构可在工程变更实施前与建设单位、施工单位等协商确定工程变更的计价原则、计价方法或价款。

建设单位与施工单位未能就工程变更费用达成协议时，项目监理机构可提出一个暂定价格并经建设单位同意，作为临时支付工程款的依据。工程变更款项最终结算时，应以建设单位与施工单位达成的协议为依据。

1. 工程变更价款确定

工程变更价款确定的原则如下：

（1）合同中已有适用于变更工程的价格，按合同已有的价格计算、变更合同价款。

（2）合同中有类似于变更工程的价格，可参照类似价格变更合同价款。

（3）合同中没有适用或类似于变更工程的价格，总监理工程师应与建设单位、施工单位就工程变更价款进行充分协商达成一致；如双方达不成一致，由总监理工程师按照成本加利润的原则确定工程变更的合理单价或价款，如有异议，按施工合同约定的争议程序处理。

2. 工程变更费用控制措施

项目监理机构可采取以下措施控制工程变更费用：

（1）变更费用的审查由项目监理机构层层把关，对每一项变更，每一级审核都要提出具体意见。工程变更费用控制流程如图5-6所示。

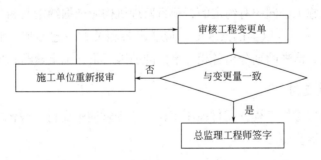

图5-6 工程变更费用控制流程

（2）严格按照国家、行业及合同等有关规定，合理确定变更造价。

（3）施工中施工单位不得擅自对原工程设计进行变更。若因施工单位擅自变更设计发生的费用和由此导致建设单位的直接损失，由施工单位承担。

（4）施工条件的变更。当施工中实际遇到的现场条件与建设单位提供的相关资料中描述的现场条件有较大差异时，施工单位可能向建设单位提出增加工程费用和工期的要求，所以应充分做好现场基础资料记录与实验数据的收集工作。具体要求如下：

1）事实清楚：施工条件的变更必须是设计图纸、合同约定范围以外的部分，所增加的工程量必须实事求是的予以申报、审批。

2）及时准确：是指变更增加的工程量在规定的时间内必须办理申报和批准手续。变更增加的工程量必须准确，工程量必须分别注明单项工程、单位工程、分部分项工程名称、施工起止日期、施工地点，工程内容及实物工程量等。

3）不管何种变更，施工单位应在被批准的变更实施后及时提交工程变更单，由项目监理机构确认实际完成的工作量。

（四）费用索赔

工程实施过程中，由于施工图存在设计缺陷，工程变更不同程度的存在，由于工程变更带来的费用索赔也大量存在。项目监理机构要准确把握索赔成立的条件，妥善受理、准确批准。项目监理机构批准施工单位费用索赔应同时满足下列条件：

（1）施工单位在施工合同约定的期限内提出费用索赔。

（2）索赔事件是因非施工单位原因造成，且符合施工合同约定。

（3）索赔事件造成施工单位直接经济损失。

为避免或减少索赔，项目监理机构应做好准备工作，尽早熟悉工作环境、工程进度计划、合同文件及附件、施工单位情况及招标投标等情况，以保证使工程项目能在既定的费用总目标内得以实现。监理工程师在日常工程管理中，应保存好各种文件、记录等，并建立相应台账，为正确处理可能发生的索赔提供依据。

当施工单位的费用索赔要求与工程延期要求相关联时，项目监理机构可提出费用索赔和工程延期的综合处理意见，并应与建设单位和施工单位协商。因施工单位原因造成建设单位损失，建设单位提出索赔时，项目监理机构应与建设单位和施工单位协商处理。建设单位损失的索赔在施工合同中有约定的，项目监理机构应依据约定与相关方协商解决。

对于涉及三方或三方以上的索赔时，应要求各相关方一起参加，形成相关记录。同时，依据施工合同，清晰的划分出各相关事件的前因后果，确定索赔和反索赔。

（五）工程款支付

项目监理机构应做好工程款支付控制工作。工程款期中支付一般包括预付款、安全文明施工费、进度款等。

1. 预付款

在开工前，发包人按照合同约定，预先支付给承包人用于购买合同工程施工所需的材料、工程设备，以及组织施工机械和人员进场等的款项。工程是否实行预付款，取决于工程性质、承包工程量的大小及发包人在招标文件中的规定。工程实行预付款的，发包人应按合同约定的时间和比例（或金额）向承包人支付工程预付款，承包人将预付款专用于合同工程。支付的工程预付款，按照合同约定在工程进度款中抵扣。

（1）预付款的支付

1）包工包料工程的预付款的支付比例不得低于签约合同价（扣除暂列金额）的10%，

不宜高于签约合同价（扣除暂列金额）的30%。

2）承包人应在签订合同或向发包人提供与预付款等额的预付款保函后向发包人提交预付款支付申请。发包人应在收到支付申请的7天内进行核实，向承包人发出预付款支付证书，并在签发支付证书后的7天内向承包人支付预付款。

3）发包人没有按合同约定按时支付预付款的，承包人可催告发包人支付；发包人在预付款期满后的7天内仍未支付的，承包人可在付款期满后的第8天起暂停施工。发包人应承担由此增加的费用和延误的工期，并应向承包人支付合理利润。

总监理工程师收到并确认承包人与发包人签订的合同协议及提供的银行保函之后，按照合同规定向发包人报送预付款支付证明。

（2）预付款的扣回

预付款应从每一个支付期应支付给承包人的工程进度款中扣回，直到扣回的金额达到合同约定的预付款金额为止。

承包人的预付款保函的担保金额根据预付款扣回的数额相应递减，但在预付款全部扣回之前一直保持有效。发包人应在预付款扣完后的14天内将预付款保函退还给承包人。

总监理工程师通过期中支付证书，按合同规定的方法对预付款分期予以扣回。

2. 安全文明施工费

安全文明施工费在合同履行过程中，承包人按照国家法律、法规、标准等规定，为保证安全施工、文明施工，保护现场内外环境和搭拆临时设施等所采用的措施而发生的费用。

安全文明施工费包括的内容和使用范围，应符合国家有关文件和计量规范的规定。发包人应在工程开工后的28天内预付不低于当年施工进度计划的安全文明施工费总额的60%，其余部分应按照提前安排的原则进行分解，并应与进度款同期支付。发包人没有按时支付安全文明施工费的，承包人可催告发包人支付；发包人在付款期满后的7天内仍未支付的，若发生安全事故，发包人应承担相应责任。

承包人对安全文明施工费应专款专用，在财务账目中应单独列项备查，不得挪作他用，否则发包人有权要求其限期改正；逾期未改正的，造成的损失和延误的工期应由承包人承担。

承包人在申请安全文明施工费用时，需提供安全文明施工费用使用计划和方案，项目监理机构对承包人提交的安全文明施工费使用计划和方案进行审核确认后报发包人审核。项目监理机构应监督承包人安全文明施工费用必须做到专款专用、不得挪用和串用。

3. 进度款

发承包双方应按照合同约定的时间、程序和方法，根据工程计量结果，办理期中价款结算，支付进度款。项目监理机构应按下列程序进行工程计量和付款签证：

（1）专业监理工程师对施工单位在工程款支付报审表中提交的工程量和支付金额进行复核，确定实际完成的工程量，提出到期应支付给施工单位的金额，并提出相应的支持性材料。

（2）总监理工程师对专业监理工程师的审查意见进行审核，签认后报建设单位审批。

（3）总监理工程师根据建设单位的审批意见，向施工单位签发工程款支付证书。

项目监理机构应及时审查施工单位提交的工程款支付申请，进行工程计量，并与建设单位、施工单位沟通协商一致后，由总监理工程师签发工程款支付证书。其中，项目监理机构对施工单位提交的进度付款申请应审核以下内容：

1）截至本次付款周期末已实施工程的合同价款；

2）增加和扣减的变更金额；

3）增加和扣减的索赔金额；

4）支付的预付款和扣减的返还预付款；

5）扣减的质量保证金；

6）根据合同应增加和扣减的其他金额。

工程款支付报审表应按《建设工程监理规范》GB/T 50319的要求填写，工程款支付证书应按《建设工程监理规范》GB/T 50319的要求填写。

项目监理机构应从第一个付款周期开始，在施工单位的进度付款中，按专用合同条款的约定扣留质量保证金，直至扣留的质量保证金总额达到专用合同条款约定的金额或比例为止。质量保证金的计算额度不包括预付款的支付、扣回以及价格调整的金额。

4. 工程款支付控制措施

为做好工程款支付控制，项目监理机构应采取以下控制措施：

（1）项目监理机构应当全面了解所监理工程的施工合同文件、施工投标文件、工程设计文件、施工进度计划等内容，熟悉合同价款的计价方式、施工投标报价及组成、工程预算等情况，依据监理规划、施工组织设计、进度计划以及相关的设计、技术、标准等文件编制造价控制监理实施细则，明确工程造价控制的目标和要求、制定造价控制的流程、方法和措施，以及针对工程特点制定工程造价控制的重点和目标值。

（2）专业监理工程师具体负责对施工单位在工程款支付报审表中提交的工程量和支付金额进行复核，包括进行现场计量以确定实际完成的合格工程量，进行单价或价格的复核与核定等，提出到期应支付给施工单位的金额，并附上工程变更、工程索赔等相应的支持性材料。专业监理工程师在复核过程中应及时、客观地与施工单位进行沟通和协商，对施工单位提交的工程量和支付金额申请的复核情况最终形成审查意见，提交总监理工程师审查。

（3）总监理工程师应该充分熟悉和了解施工合同约定的工程量计价规则和相应的支付条款，对专业监理工程师的审查、复核工作进行指导和帮助，对专业监理工程师的审查意见提出自己的审核意见，同意签认后报建设单位审批。

（4）项目监理机构应根据施工合同和监理合同的相应条款协助建设单位审核工程款。建设单位作为项目投资主体，承担相应的工程款审核职责。建设单位根据总监理工程师的审核意见及建议最终合理确定工程款的支付金额。

（5）总监理工程师应根据建设单位审批确定的工程款支付金额签发工程款支付证书。

项目监理机构应建立工程款审核、支付台账。对项目监理机构审核与建设单位审批结果不一致的地方做好相应的记录，注明差异产生的原因。

第三节 竣工结算审核 ▶▶

工程竣工验收合格后，项目监理机构应督促施工单位按施工合同约定提交竣工结算申请和相关资料。工程竣工结算款支付报审表应按《建设工程监理规范》GB/T 50319的要求填写。

1. 竣工结算款审核程序

项目监理机构应按有关工程结算规定及施工合同约定对竣工结算进行审核。项目监理机构应按下列程序进行竣工结算款审核：

（1）专业监理工程师审查施工单位提交的竣工结算款支付申请，提出审查意见。

（2）总监理工程师对专业监理工程师的审查意见进行审核，签认后报建设单位审批，同时抄送施工单位，并就工程竣工结算事宜与建设单位、施工单位协商；达成一致意见的，根据建设单位审批意见向施工单位签发竣工结算款支付证书；不能达成一致意见的，应按施工合同约定处理。竣工结算款支付证书应按《建设工程管理规范》GB/T 50319的要求填写。

2. 竣工结算审核内容

审核竣工结算，一般从以下几个方面入手。

（1）核对合同条款

首先，应核对竣工工程内容是否符合合同条件要求，工程是否竣工验收合格，只有按合同要求完成全部工程并验收合格才能竣工结算；其次，应按合同规定的结算方法、计价定额、取费标准、主材价格和优惠条款等，对工程竣工结算进行审核，若发现合同开口或有漏洞，应请发包人与承包人认真研究，明确结算要求。

（2）检查隐蔽验收记录

所有隐蔽工程均需进行验收，2人以上签证；实行工程监理的项目应经监理工程师签证确认。审核竣工结算时应核对隐蔽工程施工记录和验收签证，手续完整，工程量与竣工图一致方可列入结算。

（3）落实设计变更签证

设计修改变更应有原设计单位出具的设计变更通知单和修改的设计图纸、校审人员签字并加盖公章，经发包人和监理工程师审查同意、签证；重大设计变更应经原审批部门审批，否则不应列入结算。

（4）按图核实工程数量

竣工结算的工程量应依据竣工图、设计变更单和现场签证等进行核算，并按国家统一规定的计算规则计算工程量。

（5）执行定额单价

结算单价应按合同约定或招标文件规定的计价定额与计价原则执行。

（6）防止各种计算误差

工程竣工结算子目多，往往有计算误差，应认真核算，减少计算误差。

3. 竣工结算审核控制措施

专业监理工程师在收到施工单位上报的工程结算款支付申请后，分析竣工结算的编制本方式、取费标准、计算方法等是否符合有关工程结算规定和原施工合同的约定方式；并根据竣工图、设计变更、工程变更、工程签证等对竣工结算中的工程量、单价进行审核，提出审查意见，提交总监理工程师审核。专业监理工程师在审查过程中应及时、客观地与施工单位进行沟通和协商，力求形成统一意见；对不能达成一致意见的，做好相应记录，注明差异产生的原因，供总监理工程师审批时决策。

总监理工程师应对专业监理工程师的审查工作进行指导和帮助，对专业监理工程师的审查意见提出自己的审核意见，并最终形成工程竣工结算审核报告，签认后报建设单位审批，同时抄送施工单位。总监理工程师在竣工结算审核过程中，应将结算价款审核过程中发现的问题向建设单位、施工单位做好解释、协商工作，力求达成一致的意见。如果建设单位、施工单位没有异议，总监理工程师应根据建设单位批准的工程结算价款支付金额签发工程结算款支付证书；如不能达成一致意见的，应按工程结算相关规定和施工合同约定的处理方式进行处理，即可以按照施工合同约定的起诉、仲裁等条款解决争议。

第六章 合同管理

第一节 概述 ▶▶

施工阶段监理单位依据建设工程监理合同中确定的监理单位的权利、义务和职责、按照合同要求，全面负责地对工程进行监督、管理和检查、协调现场各承包单位及有关单位间的关系，负责对合同文件的解释和说明，处理有关问题，以确保合同的圆满执行。工程监理的合同管理具有法律约束力，有助于监理目标的实现，是监理工作的基础。合同管理的主要工作有工程暂停、复工、变更、争议、索赔、解除等。合同管理工作要遵循公平、公正履行合同的原则，实事求是，科学管理。

一、合同的概念和分类

1. 合同的概念

合同是民事主体之间设立、变更、终止民事法律关系的协议。依法成立的合同，受法律保护。

2. 合同的分类

按照《中华人民共和国民法典》，常用的合同有以下十九类：买卖合同、供电、水、气、热力合同、赠与合同、借款合同、保证合同、租赁合同、融资租赁合同、保理合同、承揽合同、建设工程合同、运输合同、技术合同、保管合同、仓储合同、委托合同、物业服务合同、行纪合同、中介合同、合伙合同。

建设项目实施中常用到的合同有：建设工程合同、材料设备采购合同、委托合同如监理合同、咨询合同等。

二、建设工程合同的概念和分类

1. 建设工程合同的概念

建设工程合同是承包人进行工程建设活动，发包人支付价款或酬金的协议。一个建设工程项目的实施，需要建筑市场中的各方主体共同参与完成，包括建设单位、勘察设计单位、施工单位、监理单位、咨询单位、材料设备供应单位等。这些主体都要依靠合同确立相互之间的关系，在这些合同中，有些属于建设工程合同，有些则属于与建设工程相关的合同。

2. 建设工程合同的分类

建设工程合同按完成承包的内容进行划分，可以分为建设工程勘察合同、建设工程设计合同和建设工程施工合同三类。发包人可以与总承包人订立建设工程合同，也可以分别与勘察人、设计人、施工人订立勘察、设计、施工承包合同。

三、建设工程合同管理主要内容

建设工程合同管理是指对合同的订立、履行、变更、解除进行检查、监督、控制等一系列活动的总称，监理机构进行合同管理的主要工作内容包括：

（1）协助发包人确定建设工程项目的合同结构。

（2）协助发包人签订工程建设项目有关的各类合同（包括施工、材料和设备订货等合同），并参与各类合同谈判。

（3）对上述合同的履行进行跟踪管理，对合同各方执行情况进行检查。

（4）协助发包人处理与本工程项目有关的索赔、变更及合同纠纷等事宜。

（5）向发包人提交有关合同管理的报告。

四、合同管理的法律依据和基本方法

1. 合同管理的主要法律依据

主要法律依据是《中华人民共和国建筑法》《中华人民共和国民法典》《中华人民共和国招标投标法》。

2. 合同管理的基本方法

（1）严格执行建设工程合同管理相关法律法规。

（2）建立合同管理机构，配备合同管理人员，建立合同台账、统计、检查和报告制度。

3. 设立合同管理目标

合同管理目标是指合同管理活动应当达到的预期结果和最终目的。建设工程合同管理需要设立管理目标，并且管理目标可以分解为各个阶段的管理目标，合同的管理目标应严格落实。

4. 对合同实施进行偏差分析和纠偏

通过对合同实施进行跟踪，对比计划目标，如果发现合同实施中存在着偏差，即工程实施实际情况偏离了合同计划和目标，应该及时进行偏差分析、采取纠偏措施，避免损失。

（1）偏差分析

1）产生偏差的原因分析：通过对合同执行实际情况与计划的对比分析，不仅可以发现合同实施的偏差，而且可以探索引起差异的原因。原因分析可以采用鱼刺图、因果关系分析图等方法定性或定量地进行。

2）合同实施偏差的责任分析：分析产生合同偏差的原因是由谁引起的，应该由谁承担责任。责任分析必须以合同为依据，按合同规定落实双方的责任。

3）合同实施趋势分析

针对合同实施偏差情况，可以采取不同的措施，应分析在不同措施下合同执行的结果趋势，包括：

① 最终的工程状况，包括总工期的延误、总成本的超支、质量标准、所能达到的生产能力（或功能要求）等。

② 承包商将承担什么样的后果，如被罚款、被清算，甚至被起诉，对承包商资信、企业形象、经营战略的影响等。

（2）合同实施偏差处理

根据合同实施偏差分析的结果，承包商应该采取相应的调整措施，调整措施可以分为：

1）组织措施，如增加人员投入，调整人员安排，调整工作流程和工作计划等。

2）技术措施，如变更技术方案，采用新的高效率的施工方案等。

3）经济措施，如增加投入，采取经济激励措施等。

4）管理措施，如进行合同变更，签订附加协议，采取索赔手段等。

5）推广合同示范文本制度。

建设工程合同应当采用书面形式，国家推荐使用示范文本，现在使用的通用示范文本主要有：《建设工程勘察合同（示范文本）》GF–2016–0203、《建设工程设计合同示范文本（房屋建筑工程）》GF–2015–0209、《建设工程设计合同示范文本（专业建设工程）》GF–2015–0210、《建设工程施工合同示范文本》GF–2017–0201、《建设项目工程总承包合同（示范文本）》GF–2020–0216、《建设工程监理合同（示范文本）》GF–2012–0202。

第二节 建设工程施工合同管理 ▶▶

本节主要讲述监理单位对建设工程合同中的施工合同的管理，包括施工合同的订立、履行、变更、索赔、争议等的管理。

一、工程暂停及复工的合同管理

项目监理机构应按照建设工程监理合同、施工合同约定处理工程的暂停和复工事件，由总监理工程师签发工程暂停令和复工令。

（一）工程暂停的管理

1. 项目监理机构发现下列情况之一时，总监理工程师及时签发工程暂停令：

（1）发包人要求暂停施工且工程需要暂停施工的。

（2）承包人未经批准擅自施工或拒绝项目监理机构管理的。

（3）承包人未按审查通过的工程设计文件施工的。

（4）承包人违反工程建设标准的。

（5）施工存在重大质量、安全事故隐患或发生质量、安全事故的。

暂停施工事件发生时，现场项目监理机构应如实记录所发生的情况。

2. **总监理工程师签发暂停令时注意的问题**

总监理工程师在签发工程暂停令时，可根据停工原因的影响范围和影响程度，确定停工范围，并按施工合同和建设工程监理合同的约定签发工程暂停令。签发工程暂停令应事先征得发包人同意，在紧急情况下未能事先报告时，应在事后及时向发包人作出书面报告。工程暂停令应按《建设工程监理规范》GB/T 50319附录表的要求填写。同时总监理工程师应会同有关各方按施工合同约定，处理因工程暂停引起的与工期、费用有关的问题。

（二）复工管理

当暂停施工原因消失、具备复工条件时，承包人提出复工申请的，项目监理机构审查承包人报送的工程复工报审表及有关材料，符合要求后，总监理工程师及时签署审查意见，并报发包人批准后签发工程复工令；承包人未提出复工申请的，总监理工程师根据工程实际情况指令承包人恢复施工。

工程复工报审表按《建设工程监理规范》GB/T 50319附录表的要求填写，工程复工令按《建设工程监理规范》GB/T 50319附录表的要求填写。

二、工程变更的管理

合同的变更包括合同主体的变更、合同客体的变更以及合同内容的变更，我国合同理论中一般将合同主体的变更称为合同的转让，所以本节所述的工程变更主要指对施工合同客体和内容的变更。合同的主体没有改变，一般是通过双方协商解决变更中的相关问题。当事人除了要按照合同法中规定的平等自愿、协商一致的原则协商处理相关变更问题外，还要注意对合同部分内容的变更要符合法定的程序。现场监理机构对工程变更的管理主要包括以下内容：变更的内容、分类、估价、监理处理变更程序等。

（一）工程变更的范围和内容

（1）取消合同中任何一项工作，但被取消的工作不能转由发包人或其他单位实施。

（2）改变合同中任何一项工作的质量或其他特性。

（3）改变合同工程的基线、标高、位置或尺寸。

（4）改变合同中任何一项工作的施工时间或改变已批准的施工工艺或顺序。

（5）为完成工程需要追加的额外工作。

（二）变更的分类

工程施工过程中出现的工程变更可分为监理人指示的工程变更和施工承包单位申

请的工程变更两类。涉及设计变更的，应由设计人提供变更后的图纸和说明。如变更超过原设计标准或批准的建设规模时，发包人应及时办理规划、设计变更等审批手续。

1. 监理人指示的工程变更

监理人指示的工程变更分为监理人直接指示的工程变更和通过与施工承包单位协商后确定的工程变更两种情况。

（1）监理人直接指示的工程变更，是必须进行的变更。

监理人直接指示的必须的变更，监理人可按照通用条款约定的变更程序向承包人做出变更指示，承包人应遵照执行。没有监理人的变更指示，承包人不得擅自变更。

（2）与施工承包单位协商后确定的工程变更，是可能发生的变更。

1）监理人首先向施工承包单位发出变更意向书，说明变更的具体内容和发包人对变更的时间要求等。

2）施工承包单位收到监理人的变更意向书后，如果同意实施变更，则向监理人提出书面变更建议。若施工承包单位收到监理人的变更意向书后认为难以实施此项变更，也应立即通知监理人，说明原因并附详细依据，如不具备实施变更项目的施工资质、无相应的施工机具等原因或其他理由。

3）监理人审查施工承包单位的建议书、变更实施方案，如可行并经发包人同意后，发出变更指示。如果施工承包单位不同意变更，监理人与施工承包单位和发包人协商后确定撤销、改变原变更意向书。

2. 承包人提出的工程变更

承包人提出的变更分为建议变更和要求变更两类。

（1）承包人建议的变更

承包人对发包人提供的图纸、技术要求以及其他方面，提出可能降低合同价格、缩短工期或者提高工程经济效益的合理化建议，以书面形式提交监理人。合理化建议书的内容应包括建议工作的详细说明、进度计划和效益以及与其他工作的协调等。

监理人与发包人协商是否采纳承包人提出的建议。建议被采纳并构成变更的，监理人向承包人发出变更指示。

承包人提出的合理化建议使发包人获得了降低工程造价、缩短工期、提高工程运行效益等实际收益，按专用合同条款中的约定给予奖励。

（2）承包人要求的变更

承包人收到监理人按合同约定发出的图纸和文件，经检查认为其中存在属于变更范围的情形，如提高工程质量标准、增加工作内容、工程的位置或尺寸发生变化等，可向监理人提出书面变更建议。变更建议应阐明要求变更的依据，并附必要的图纸和说明。监理人收到承包人的书面建议后，应与发包人共同研究，确认同意变更的，在收到承包人书面建议后的14d内做出变更指示。经研究后不同意变更的，由监理人书面答复承包人。

（三）监理机构处理承包人提出的变更

（1）总监理工程师组织专业监理工程师审查承包人提出的工程变更申请，提出审查意见。对涉及工程设计文件修改的工程变更，由发包人转交原设计单位修改工程设计文件。必要时，项目监理机构应建议发包人组织设计、施工等单位召开论证工程设计文件的修改方案的专题会议。

（2）总监理工程师组织专业监理工程师对工程变更费用及工期影响作出评估。

（3）总监理工程师组织发包人、承包人等共同协商确定工程变更费用及工期变化，会签工程变更单。工程变更单按《建设工程监理规范》GB/T 50319附录表的要求填写。

（4）发包人与承包人未能就工程变更费用达成协议时，项目监理机构可提出一个暂定价格并经发包人同意，作为临时支付工程款的依据。工程变更款项最终结算时，以发包人与承包人达成的协议为依据。

（四）变更索赔的管理

因变更引起的索赔包括费用索赔和工期索赔。

1. 变更索赔的处理

承包人在收到变更指示或变更意向书后的14d内，向监理人提交变更报价书，详细开列变更工作的价格组成及其依据，并附必要的施工方法说明和有关图纸。变更工作如果影响工期，承包人应提出调整工期的具体细节。监理人应在收到承包人提交的变更估价申请后7d内审查完毕并报送发包人，监理人对变更估价申请有异议，通知承包人修改后重新提交。发包人应在承包人提交变更估价申请后14d内审批完毕。发包人逾期未完成审批或未提出异议的，视为认可承包人提交的变更估价申请。监理人根据合同约定的延期处理原则，商定或确定变更引起的工期调整。

2. 变更费用索赔的估价方法

（1）已标价工程量清单中有适用于变更工作的子目，按照原单价执行。

（2）已标价工程量清单中无适用于变更工作的子目，但有类似子目，可在合理范围内参照类似子目的单价，由监理人商定或确定变更工作的单价。

（3）已标价工程量清单中无适用或类似子目的单价，可按照成本加利润的原则，由监理人商定或确定变更工作的单价。

三、索赔的合同管理

建设工程索赔通常是指在工程合同履行过程中，合同当事人一方因对方不履行或未能正确履行合同或者由于其他非自身因素而受到经济损失或权利损害，通过合同规定的程序向对方提出经济或时间补偿要求的行为。索赔是一种正当的权利要求，它是合同当事人之间一项正常的而且普遍存在的合同管理业务，是一种以法律和合同为依据的合情合理的行为。

（一）索赔的分类

索赔按照索赔目的和要求，分为工期索赔和费用索赔两种：

（1）工期索赔，一般指承包人向发包人或者分包人向承包人要求延长工期。

（2）费用索赔，要求补偿经济损失，调整合同价格。

（二）索赔的依据

总体而言，索赔的依据主要是三个方面：

（1）施工合同文件，勘察、设计文件。

（2）法律、法规。

（3）工程建设惯例。

（三）索赔成立的前提条件

索赔成立应该同时具备以下三个前提条件：

（1）与合同对照，事件已造成了承包人工程项目成本的额外支出，或直接工期损失。

（2）造成费用增加或工期损失的原因，按合同约定不属于承包人的行为责任或风险责任。

（3）承包人按合同规定的程序和时间提交索赔意向通知和索赔报告。

（四）监理机构对承包人提出索赔的管理

1. 承包人索赔的程序

承包人根据合同认为有权得到追加付款和（或）延长工期时，应按规定程序向发包人提出索赔：

承包人应在引起索赔事件发生的后28d内，向监理人递交索赔意向通知书，并说明发生索赔事件的事由。承包人未在前述28d内发出索赔意向通知书，丧失要求追加付款和（或）延长工期的权利。

承包人应在发出索赔意向通知书后28d内，向监理人递交正式的索赔通知书，详细说明索赔理由以及要求追加的付款金额和（或）延长的工期，并附必要的记录和证明材料。

对于具有持续影响的索赔事件，承包人应按合理时间间隔陆续递交延续的索赔通知、说明连续影响的实际情况和记录，列出累计的追加付款金额和（或）工期延长天数。在索赔事件影响结束后的28d内，承包人应向监理人递交最终索赔通知书，说明最终要求索赔的追加付款金额和延长的工期，并附必要的记录和证明材料。

2. 监理机构对索赔的处理

（1）在处理索赔事件中，项目监理机构应遵循"谁索赔，谁举证"原则。及时收集、整理有关工程费用的原始资料，为处理索赔提供证据，证据应该具有真实性、及时性、全面性、关联性、有效性等特性。常见的工程索赔证据有以下内容：

1）各种合同文件，包括施工合同协议书及其附件、中标通知书、投标书、标准和技术规范、图纸、工程量清单、工程报价单或者预算书、有关技术资料和要求、施工过程中的补充协议等。

2）监理记录、监理工作联系单、监理通知、监理月报及相关监理文件资料等。

3）工程各种往来函件、通知、答复等。

4）经过发包人或者工程师批准的承包人的施工进度计划、施工方案、施工组织设计和现场实施情况记录。

5）工程各项会议纪要。

6）气象报告和资料，如有关温度、风力、雨雪的资料。

7）施工现场记录，包括有关设计交底、设计变更、施工变更指令，工程材料和机械设备的采购、验收与使用等方面的凭证及材料供应清单、合格证书，工程现场水、电、路等开通、封闭的记录，停水、停电等各种干扰事件的时间和影响记录等。

8）工程有关照片和录像、施工日记、备忘录等。

9）发包人或者工程师签认的签证。

10）发包人或者工程师发布的各种书面指令和确认书，以及承包人的要求、请求、通知书等。

11）工程中的各种检查验收报告和各种技术鉴定报告。

12）工地的交接记录（应注明交接日期，场地平整情况，水、电、路情况等），图纸资料和各种资料交接记录。

13）建筑材料和设备的采购、订货、运输、进场、使用方面的记录、凭证和报表等。

14）市场行情资料，包括市场价格、官方的物价指数、工资指数、中央银行的外汇库等公布材料。

15）投标前发包人提供的参考资料和现场资料。

16）工程结算资料、财务报告、财务凭证等、各种会计核算资料。

（2）项目监理机构按下列程序处理承包人提出的索赔：

1）受理承包人在施工合同约定的期限内提交的索赔意向通知书。

2）收集与索赔有关的资料。

3）受理承包人在施工合同约定的期限内提交的索赔报审表。

4）审查索赔报审表。需要承包人进一步提交详细资料时，并在施工合同约定的期限内发出通知。

5）与发包人和承包人协商一致后，在施工合同约定的期限内签发索赔报审表，并报发包人。

6）承包人不接受索赔处理结果的，按合同争议解决。

（3）项目监理机构批准承包人费用、工期时索赔应同时满足下列条件：

1）监理机构批准承包人费用索赔应满足的条件：

①承包人在施工合同约定的期限内提出费用索赔。

②索赔事件是因非承包人原因造成，且符合施工合同约定。

③索赔事件造成承包人直接经济损失。

④当承包人的费用索赔要求与工程延期要求相关联时，项目监理机构可提出费用索赔和工程延期的综合处理意见，并应与发包人和承包人协商。

2）监理机构批准承包人工期索赔应满足下列条件：

①承包人在施工合同约定的期限内提出工程延期。

②因非承包人原因造成施工进度滞后。

③施工进度滞后影响到施工合同约定的工期。

（五）监理机构对发包人提出索赔的管理

发包人的索赔包括承包人应承担责任的赔偿扣款和缺陷责任期的延长。发生索赔事件后，监理人及时书面通知承包人，详细说明发包人有权得到的索赔金额和（或）延长缺陷责任期的细节和依据。发包人提出索赔的期限对承包人的要求相同，即颁发工程接收证书后，不能再对施工期间的事件索赔；最终结清证书生效后，不能再就缺陷责任期内的事件索赔，因此延长缺陷责任期的通知应在缺陷责任期届满前提出。

四、施工合同争议的管理

施工合同争议是指合同的当事人双方在签订、履行和解除合同的过程中，对所订立的合同是否成立、生效、合同成立的时间、合同内容的解释、合同的履行、合同责任的承担以及合同的变更、解除、转让等有关事项产生的纠纷。尽管合同是在双方当事人意思表示一致的基础上订立的，但由于当事人所处地位的不同，从不同的立场出发，对某些问题的认识往往会得出相互冲突的结论，因此，发生合同争议在所难免。

1. 合同争议解决的办法

合同争议一般采取和解、调解、争议评审、仲裁或诉讼的方式，具体方式在合同专用条款中写明。

2. 项目监理机构处理施工合同争议时应进行下列工作：

（1）了解合同争议情况。

（2）及时与合同争议双方进行磋商。

（3）提出处理方案后，由总监理工程师进行协调。

（4）当双方未能达成一致时，项目监理机构要求争议双方出具相关证据，总监理工程师遵守客观、公平的原则，提出合同争议的处理意见。在发生施工合同争议时，对未达到施工合同约定的暂停履行合同条件的，要求施工合同双方继续履行合同。

（5）在施工合同争议的仲裁或诉讼过程中，项目监理机构应按仲裁机关或法院要求提供与争议有关的证据。

五、施工合同解除的管理

建设工程合同的解除，是指建设工程合同依法成立后，开始履行之前或者未全部履行完毕之前，当事人根据法律规定或合同约定的条件和程序，请求解除双方的承包合同法律关系。施工合同的解除必须符合法律程序，并且有关各方应协商取得一致。现场监理机构应区分合同解除原因，按照合同约定分别对待，而且施工合同终止时，项目监理机构应协助发包人按施工合同约定处理施工合同终止的有关事宜。

1. 合同的解除的条件

合同履行过程中发生有下列情况之一的，双方可以解除合同：

（1）因不可抗力使合同无法履行。

（2）因一方违约致使合同无法履行或一方提出另一方同意也可解除合同。

但合同解除后不影响双方在合同中约定的结算和清理工程款的效力。

2. 发包人原因导致施工合同解除的管理

因发包人原因导致施工合同解除，项目监理机构按施工合同约定与发包人和承包人按下列款项协商确定承包人应得款项，并签发工程款支付证书：

（1）承包人按施工合同约定已完成的工作应得款项。

（2）承包人按批准的采购计划订购工程材料、构配件、设备的款项。

（3）承包人撤离施工设备至原基地或其他目的地的合理费用。

（4）承包人人员的合理遣返费用。

（5）承包人合理的利润补偿。

（6）施工合同约定的发包人应支付的违约金。

3. 承包人原因导致施工合同解除的管理

因承包人原因导致施工合同解除时，项目监理机构按施工合同约定，从下列款项中确定承包人应得款项或偿还发包人的款项，与发包人和施工协商后，书面提交承包人应得款项或偿还发包人款项的证明：

（1）承包人已按施工合同约定实际完成的工作应得款项和已给付的款项。

（2）承包人已提供的材料、构配件、设备和临时工程等的价值。

（3）对已完工程进行检查和验收、移交工程资料、修复已完工程质量缺陷等所需的费用。

（4）施工合同约定的承包人应支付的违约金。

4. 非发包人、承包人原因导致施工合同解除的管理

因非发包人、承包人原因导致施工合同解除时，项目监理机构应按施工合同约定处理合同解除后的有关事宜。

第三节　建设工程监理合同　▶▶

一、建设工程监理合同文件的组成

工程监理合同文件由监理合同、中标通知书（适用于招标工程）或委托书（适用于非

招标工程）、投标文件（适用于招标工程）或相关监理服务建议书（适用于非招标工程）组成。合同签订后实施过程中双方依法签订的补充协议也是合同文件的组成部分。

二、建设工程监理合同的组成及主要内容

1. 建设工程监理合同的组成部分

监理合同属于委托合同，住房和城乡建设部与国家工商行政管理总局颁布执行的《建设工程监理合同（示范文本）》GF-2012-0202，其组成部分为协议书、通用条件、专用条件、附录四部分组成。

2. 建设工程监理合同各组成部分的主要内容

通用条件包括：定义与解释，监理人的义务，委托人的义务，违约责任，支付，合同生效、变更、暂停、解除与终止，争议解决，其他共八部分。

专用条件：在专用条款内针对通用条款每款涉及的内容进行补充、细化。

附录：包括附录A、B（附录A：相关服务的范围和内容；附录B：委托人派遣的人员和提供的房屋、资料、设备）。

三、通用条款中的规定

1. 监理的工作内容

除专用条件另有约定外，监理工作内容主要包括：

（1）收到工程设计文件后编制监理规划，并在第一次工地会议7d前报委托人。根据有关规定和监理工作需要，编制监理实施细则。

（2）熟悉工程设计文件，并参加由委托人主持的图纸会审和设计交底会议。

（3）参加由委托人主持的第一次工地会议；主持监理例会并根据工程需要主持或参加专题会议。

（4）审查施工承包人提交的施工组织设计，重点审查其中的质量安全技术措施、专项施工方案与工程建设标准的符合性。

（5）检查施工承包人工程质量、安全生产管理制度及组织机构和人员资格。

（6）检查施工承包人专职安全生产管理人员的配备情况。

（7）审查施工承包人提交的施工进度计划，核查承包人对施工进度计划的调整。

（8）检查施工承包人的试验室。

（9）审核施工分包人资质条件。

（10）查验施工承包人的施工测量放线成果。

（11）审查工程开工条件，对条件具备的签发开工令。

（12）审查施工承包人报送的工程材料、构配件、设备质量证明文件的有效性和符合性，并按规定对用于工程的材料采取平行检验或见证取样方式进行抽检。

（13）审核施工承包人提交的工程款支付申请，签发或出具工程款支付证书，并报委托人审核、批准。

（14）在巡视、旁站和检验过程中，发现工程质量、施工安全存在事故隐患的，要求施工承包人整改并报委托人。

（15）经委托人同意，签发工程暂停令和复工令。

（16）审查施工承包人提交的采用新材料、新工艺、新技术、新设备的论证材料及相关验收标准。

（17）验收隐蔽工程、分部分项工程、参加工程竣工验收，签署竣工验收意见。

（18）审查施工承包人提交的工程变更申请，协调处理施工进度调整、费用索赔、合同争议等事项，审查施工承包人提交的竣工结算申请并报委托人。

（19）审查施工承包人提交的竣工验收申请，编写工程质量评估报告。

（20）编制、整理工程监理归档文件并报委托人。

2. 项目监理机构和人员要求

（1）监理人应组建满足工作需要的项目监理机构，配备必要的检测设备。项目监理机构的主要人员应具有相应的资格条件。

（2）本合同履行过程中，总监理工程师及重要岗位监理人员应保持相对稳定，以保证监理工作正常进行。

（3）监理人可根据工程进展和工作需要调整项目监理机构人员。监理人更换总监理工程师时，应提前7d向委托人书面报告，经委托人同意后方可更换；监理人更换项目监理机构其他监理人员，应以相当资格与能力的人员替换，并通知委托人。

（4）监理人应及时更换有下列情形之一的监理人员：

① 严重过失行为的。

② 有违法行为不能履行职责的。

③ 涉嫌犯罪的。

④ 不能胜任岗位职责的。

⑤ 严重违反职业道德的。

⑥ 专用条件约定的其他情形。

（5）委托人可要求监理人更换不能胜任本职工作的项目监理机构人员。

3. 监理人职责

监理人应遵循职业道德准则和行为规范，严格按照法律法规、工程建设有关标准及本合同履行职责。

（1）在监理与相关服务范围内，委托人和承包人提出的意见和要求，监理人应及时提出处置意见。当委托人与承包人之间发生合同争议时，监理人应协助委托人、承包人协商解决。

（2）当委托人与承包人之间的合同争议提交仲裁机构仲裁或人民法院审理时，监理人应提供必要的证明资料。

（3）监理人应在专用条件约定的授权范围内，处理委托人与承包人所签订合同的变更事宜。如果变更超过授权范围，应以书面形式报委托人批准。

在紧急情况下，为了保护财产和人身安全，监理人所发出的指令未能事先报委托人批时，应在发出指令后的24小时内以书面形式报委托人。

（4）除专用条件另有约定外，监理人发现承包人的人员不能胜任本职工作的，有权要求承包人予以调换。

第七章 安全生产管理的监理工作

随着我国经济的快速发展，市场经济成为我国经济发展的主要方式，国家加大了对建筑市场的投资力度。伴随建筑行业的快速发展，发生安全生产事故的频率逐渐增加，给建设工程安全生产管理带来了严重的不良影响，安全生产越来越受到党和国家及社会各界的关注与重视，为此，提高安全生产管理的能力，对推动建筑行业可持续发展具有重要意义。本章主要对建设工程安全生产管理概述、建设工程监理单位的安全法定职责以及项目监理机构的安全生产管理工作进行详细介绍。

第一节 概述 ▶▶

建设工程规模庞大，是一个极其复杂的过程，并且极具专业性与技术性，危险源众多，在正式投入施工的过程中极易受到各种风险隐患的威胁，导致施工安全系数直线下降，对建设工程整体经济效益造成巨大的影响，容易产生安全风险问题。因此，要确保建设工程的安全，管理、操作人员就必须掌握安全生产管理基础知识，提高安全意识和素质，建立完善的安全管理体系，加强施工过程的安全管理。

一、安全与危险

1. 安全

安全是指没有受到威胁、没有危险、危害、损失。人类的整体与生存环境资源的和谐相处，互相不伤害，不存在危险、危害的隐患，是免除了不可接受的损害风险的状态。安全是在人类生产过程中，将系统的运行状态对人类的生命、财产、环境可能产生的损害控制在人类能接受水平以下的状态。

2. 危险

近些年来，随着我国城市化进程的不断加快，建筑工程安全问题也非常突出，安全生产管理的重要工作就是危险源的控制。危险是指系统中存在导致发生不期望后果的可能性超过了人们的承受程度。从危险的概念可以看出，危险是人们对事物的具体认识，必须指明具体对象，如危险环境、危险条件、危险状态、危险物质、危险场所、危险人员、危险因素等。一般用风险度来表示危险的程度。

（1）危险源

危险源是指可能导致人身伤害和（或）健康损害的根源、状态或行为，或其组合。广义的危险源，包括危险载体和事故隐患。狭义的危险源，是指可能造成人员死亡、伤害、职业病、财产损失、环境破坏或其他损失的根源和状态。一般来说，危险源可能存在事故隐患，也可能不存在事故隐患；对存在事故隐患的危险源一定要及时排查整改，否则随时可能导致事故。

（2）重大危险源

重大危险源，是指长期或者临时生产、搬运、使用或者储存危险物品，且危险物品的数量等于或者超过临界量的单元（包括场所和设施）。所谓临界量，是指对某种或某类危险物品规定的数量，若单元中的危险物品数量等于或者超过该数量，则该单元应定为重大危险源。临界量是确定重点危险源的核心要素。

（3）危险源的识别

根据建设工程项目现场、生活区、办公区特点及适用法律法规、规范标准等要求，从不同方面和角度，全面细致地考虑可能存在的各种类型，如高处坠落、物体打击、机械伤害、触电、坍塌、火灾、爆炸、中毒、中暑、水灾等。编制适用的危险源管控清单，指导后续的安全管理工作。

当法律法规发生变化、政府部门发布有关要求、建设过程及作业环境发生较大变化时，应及时对变化的情况进行危险源辨识，更新危险源清单。

（4）危险源的管控

督促施工单位上报危险源控制方案，审查、审批专项方案，监督危险源控制行为。根据危险源清单、专项方案制定控制措施。项目监理机构召开专项会议，对危险源清单、危险源管控等内容进行交底。加强对危险源的巡检、管控，并做好记录。

二、安全生产管理

1. 安全生产

安全生产是指在社会生产过程中控制和减少职业危害因素，避免和消除劳动场所的风险，保障从事劳动的人员和相关人员的人身安全健康以及劳动场所的设备和财产安全。安全生产是一个广义的概念，不仅指企业在生产过程中的安全，还包括因此造成对全社会的影响。

《安全生产法》规定，安全生产工作坚持中国共产党的领导。

安全生产工作应当以人为本，坚持人民至上、生命至上，把保护人民生命安全摆在首位，树牢安全发展理念，坚持安全第一、预防为主、综合治理的方针，从源头上防范化解重大安全风险。

安全生产工作实行管行业必须管安全、管业务必须管安全、管生产经营必须管安全，强化和落实生产经营单位主体责任与政府监管责任，建立生产经营单位负责、职工参与、政府监管、行业自律和社会监督的机制。

2. 安全生产管理

安全生产管理是指管理者针对生产过程中的安全问题，遵循管理科学的基本原理，从生产管理的共性出发，有效运用资源，发挥人们的智慧，通过人们的努力，对安全生产工作进行决策、计划、组织、指挥、协调和控制等一系列活动，以实现生产过程中人与机器设备、物料、环境的和谐，达到安全生产的目标。

3. 建设工程安全生产管理

建设工程安全生产管理是指对工程建设活动过程中的安全生产工作进行的管理，包括建设行政主管部门对建设活动中的安全生产工作的监督管理和参与建设活动的各方主体对建设活动中的安全生产工作的企业管理等。

第二节 工程监理单位的安全法定职责 ▶▶▶

为了加强建设工程安全生产的监督管理，保障人民群众的生命和财产安全，建设单位、勘察单位、设计单位、施工单位、监理单位及其他与建设工程安全生产有关的单位作为建设工程的主要参与方，应严格按照相关法律、法规的规定，承担建设工程各方的安全生产责任，保障建设工程施工安全有序开展。

工程监理单位作为建设工程安全生产管理工作的一方主体，不仅要履行自身的建设工程安全生产责任，同时要掌握了解施工单位、建设单位及其他参建单位的安全生产责任和义务，保证安全生产管理的监理工作顺利开展。

一、工程监理单位自身的安全职责

（1）工程监理单位必须遵守本法和其他有关安全生产的法律、法规，加强安全生产管理，建立健全全员安全生产责任制和安全生产规章制度，加大对安全生产资金、物资、技术、人员的投入保障力度，改善安全生产条件，加强安全生产标准化、信息化建设，构建安全风险分级管控和隐患排查治理双重预防机制，健全风险防范化解机制，提高安全生产水平，确保安全生产。

工程监理单位应当根据本行业、领域的特点，建立健全并落实全员安全生产责任制，加强从业人员安全生产教育和培训，履行安全生产法和其他法律、法规规定的有关安全生产义务。

（2）工程监理单位的主要负责人是本单位安全生产第一责任人，对本单位的安全生产工作全面负责。其他负责人对职责范围内的安全生产工作负责。

（3）工程监理单位的从业人员有依法获得安全生产保障的权利，并应当依法履行安全生产方面的义务。

（4）工会依法对安全生产工作进行监督。

工程监理单位的工会依法组织职工参加本单位安全生产工作的民主管理和民主监督，

维护职工在安全生产方面的合法权益。单位制定或者修改有关安全生产的规章制度，应当听取工会的意见。

二、工程监理单位主要负责人的安全职责

（1）建立健全并落实本单位全员安全生产责任制，加强安全生产标准化建设。

（2）组织制定并实施本单位安全生产规章制度和操作规程。

（3）组织制定并实施本单位安全生产教育和培训计划。

（4）保证本单位安全生产投入的有效实施。

（5）组织建立并落实安全风险分级管控和隐患排查治理双重预防工作机制，督促、检查本单位的安全生产工作，及时消除生产安全事故隐患。

（6）组织制定并实施本单位的生产安全事故应急救援预案。

（7）及时、如实报告生产安全事故。

三、工程监理单位的安全生产管理机构以及安全生产管理人员安全职责

（1）组织或者参与拟订本单位安全生产规章制度、操作规程和生产安全事故应急救援预案。

（2）组织或者参与本单位安全生产教育和培训，如实记录安全生产教育和培训情况。

（3）组织开展危险源辨识和评估，督促落实本单位重大危险源的安全管理措施。

（4）组织或者参与本单位应急救援演练。

（5）检查本单位的安全生产状况，及时排查生产安全事故隐患，提出改进安全生产管理的建议。

（6）制止和纠正违章指挥、强令冒险作业、违反操作规程的行为。

（7）督促落实本单位安全生产整改措施。

四、安全生产管理的监理工作法定职责

工程监理单位作为参与工程项目建设的五方责任主体之一，要对整个建筑施工中所出现的安全生产状况进行分析，并采取有效的监督方法，而这也就成为了工程建设与监理过程中的重要环节之一。安全管理的监理工作往往是受到了业主单位的委托，并按照我国的法规以及合同等来实现授权范围内的相关工作。从工作的任务上来说，就是要坚持贯彻与落实相关的安全生产方针与政策，并要求施工单位要严格按照相关的法律与标准来开展施工工作，及时消除施工环节中的冒险性，避免出现不安全的隐患，杜绝或者控制伤亡事故的出现。

随着工程建设安全生产形势发展的需要，国务院颁布的《建设工程安全生产管理条例》中对监理单位的安全监理职责有明确的规定。其中第十四条规定：工程监理单位和监理工程师应按照法律法规和工程建设标准实施监理，并对建设工程安全生产承担监理责任，并且《关于落实建设工程安全生产监理责任的若干意见》（建市〔2006〕248号）、《危

险性较大的分部分项工程安全管理规定》（住房和城乡建设部令第37号）、《建筑工程项目总监理工程师质量安全责任六项规定（试行）》等文件对监理安全责任进行了进一步的补充和明确，从法律的角度明确了安全管理的工作目标，为实施安全监理指明了方向。同时，也明确了安全监理的责任。

1.《建设工程安全生产管理条例》对工程监理单位安全法定责任的规定

（1）工程监理单位应当审查施工组织设计中的安全技术措施或者专项施工方案是否符合工程建设标准。

（2）工程监理单位在实施监理过程中，发现存在安全事故隐患的，应当要求施工单位整改；情况严重的，应当要求施工单位暂时停止施工，并及时报告建设单位。施工单位拒不整改或者不停止施工的，工程监理单位应当及时向有关主管部门报告。

（3）工程监理单位和监理工程师应当按照法律、法规和工程建设标准实施监理，并对建设工程安全生产承担监理责任。

2.《关于落实建设工程安全生产监理责任的若干意见》（建市〔2006〕248号）对工程监理单位安全法定责任的规定

（1）监理单位应对施工组织设计中的安全技术措施或专项施工方案进行审查，未进行审查的，监理单位应承担《建设工程安全生产管理条例》第五十七条规定的法律责任。

施工组织设计中的安全技术措施或专项施工方案未经监理单位审查签字认可，施工单位擅自施工的，监理单位应及时下达工程暂停令，并将情况及时书面报告建设单位。监理单位未及时下达工程暂停令并报告的，应承担《建设工程安全生产管理条例》第五十七条规定的法律责任。

（2）监理单位在监理巡视检查过程中，发现存在安全事故隐患的，应按照有关规定及时下达书面指令要求施工单位进行整改或停止施工。监理单位发现安全事故隐患没有及时下达书面指令要求施工单位进行整改或停止施工的，应承担《建设工程安全生产管理条例》第五十七条规定的法律责任。

（3）施工单位拒绝按照监理单位的要求进行整改或者停止施工的，监理单位应及时将情况向当地建设主管部门或工程项目的行业主管部门报告。监理单位没有及时报告，应承担《建设工程安全生产管理条例》第五十七条规定的法律责任。

（4）监理单位未依照法律、法规和工程建设标准实施监理的，应当承担《建设工程安全生产管理条例》第五十七条规定的法律责任。

监理单位履行了上述规定的职责，施工单位未执行监理指令继续施工或发生安全事故的，应依法追究监理单位以外的其他相关单位和人员的法律责任。

3.《危险性较大的分部分项工程安全管理规定》（住建部令〔2018〕37号）对工程监理单位的安全法定责任的规定

（1）专项施工方案应当由施工单位技术负责人审核签字、加盖单位公章，并由总监理工程师审查签字、加盖执业印章后方可实施。

（2）对于超过一定规模的危大工程，施工单位应当组织召开专家论证会对专项施工方案进行论证。实行施工总承包的，由施工总承包单位组织召开专家论证会。专家论证前专项施工方案应当通过施工单位审核和总监理工程师审查。

（3）监理单位应当结合危大工程专项施工方案编制监理实施细则，并对危大工程施工实施专项巡视检查。

（4）监理单位发现施工单位未按照专项施工方案施工的，应当要求其进行整改；情节严重的，应当要求其暂停施工，并及时报告建设单位。施工单位拒不整改或者不停止施工的，监理单位应当及时报告建设单位和工程所在地住房城乡建设主管部门。

（5）监测单位应当编制监测方案。监测方案由监测单位技术负责人审核签字并加盖单位公章，报送监理单位后方可实施。

（6）对于按照规定需要验收的危大工程，施工单位、监理单位应当组织相关人员进行验收，验收合格的，经施工单位项目技术负责人及总监理工程师签字确认后，方可进入下一道工序。危大工程验收合格后，施工单位应当在施工现场明显位置设置验收标识牌，公示验收时间及责任人员。

（7）危大工程发生险情或者事故时，施工单位应当立即采取应急处置措施，并报告工程所在地住房城乡建设主管部门。建设、勘察、设计、监理等单位应当配合施工单位开展应急抢险工作。

（8）危大工程应急抢险结束后，建设单位应当组织勘察、设计、施工、监理等单位制定工程恢复方案，并对应急抢险工作进行后评估。

（9）施工、监理单位应当建立危大工程安全管理档案。施工单位应当将专项施工方案及审核、专家论证、交底。现场检查、验收及整改等相关资料纳入档案管理。监理单位应当将监理实施细则，专项施工方案审查、专项巡视检查、验收及整改等相关资料纳入档案管理。

4.《建筑工程项目总监理工程师质量安全责任六项规定（试行）》对工程监理单位的安全法定责任的规定

（1）项目监理工作实行项目总监负责制。项目总监应当按规定取得注册执业资格；不得违反规定受聘于两个及以上单位从事执业活动。

（2）项目总监应当在岗履职。应当组织审查施工单位提交的施工组织设计中的安全技术措施或者专项施工方案，并监督施工单位按已批准的施工组织设计中的安全技术措施或者专项施工方案组织施工；应当组织审查施工单位报审的分包单位资格，督促施工单位落实劳务人员持证上岗制度；发现施工单位存在转包和违法分包的，应当及时向建设单位和有关主管部门报告。

（3）工程监理单位应当选派具备相应资格的监理人员进驻项目现场，项目总监应当组织项目监理人员采取旁站、巡视和平行检验等形式实施工程监理，按照规定对施工单位报审的建筑材料、建筑构配件和设备进行检查，不得将不合格的建筑材料、建筑构配件和设备按合格签字。

（4）项目总监发现施工单位未按照设计文件施工、违反工程建设标准施工或者发生质量事故的,应当按照建设工程监理规范规定及时签发工程暂停令。

（5）在实施监理过程中,发现存在安全事放隐患的,项目总监应当要求施工单位整改;情况严重的,应当要求施工单位暂时停止施工,并实施报告建设单位;施工单位拒不整改或者不停止施工的,项目总监应当及时向有关主管部门报告,主管部门接到项目总监报告后,应当及时处理。

（6）项目总监应当审查施工单位的竣工申请,并参加建设单位组织的工程竣工验收,不得将不合格工程按照合格签认。

（7）项目总监责任的落实不免除工程监理单位和其他监理人员按照法律法规和监理合同应当承担和履行的相应责任。

第三节　安全生产管理的监理工作 ▶▶

安全事故的发生,必然会给人民生命财产带来无可挽回的损失,这就使建设工程的管理者和参与者更加重视对安全生产的管理。《建设工程安全生产管理条例》的实施,明确了监理人员肩负的安全生产管理的法定职责。作为政府对工程管理职能的一种补充,监理人员做了大量工作,取得一定成效。但由于安全生产监理职能定位不清晰,工作内容不明确,监理安全生产管理职责的发挥与社会和政府的要求还有一定差距。工程监理单位应建立健全企业自身安全生产管理体系,加强对相关监理人员的安全生产教育培训,落实安全生产责任制,形成完善的内部安全生产管理的监理工作体系,做好安全生产管理的监理工作。监理人员要履行好安全生产管理的法定职责,必须要熟悉法律、法规、工程建设标准以及安全生产管理的监理工作内容、方法、程序等,并应具有较强的安全生产管理能力和协调能力。

本节主要从监理机构人员的职责出发,对安全生产管理的具体工作内容进行深入的分析,明确安全管理工作的方法和手段,从而确保建设工程的安全工作措施能够符合我国颁布的相应标准与规范,有效减少建设工程中的事故和质量问题的发生。

一、项目监理机构安全生产管理的监理职责

在工程监理活动中,项目监理机构应根据自身的特点制定安全生产管理的监理工作制度,按照法律法规、工程建设标准履行建设工程安全生产管理的监理职责。总监理工程师主持项目监理机构安全生产管理的监理工作,配备专职或兼职监理安全管理人员,各专业监理工程师按专业分工落实安全生产管理的监理责任。

1. 总监理工程师安全生产管理的监理职责

（1）对项目监理机构的安全生产管理的监理工作全面负责。

（2）确定项目监理机构监理安全管理员及其岗位职责。

（3）组织编制监理规划,将安全生产管理纳入监理规划。

监理规划中安全生产管理的监理工作编制应符合以下规定：

1）应按现行《建设工程监理规范》GB/T 50319规定，依据勘察、设计文件等技术资料，针对工程施工环境、施工组织设计等具体情况，明确工程施工阶段的主要危险源和危大工程，确定针对性的安全生产管理工作方法、措施和流程。

2）针对工程包含的危大工程制定针对性的审查、审核、巡视、验收方法。

3）制定工程施工全过程安全生产管理的监理工作方法、措施和流程。

（4）审批安全生产管理的监理实施细则。

（5）检查监理人员安全生产管理的监理工作。

（6）组织召开安全生产管理的监理专题会议。

（7）组织审查施工单位安全生产管理的组织机构以及现场安全规章制度的建立及专职安全生产管理人员配备情况。

（8）组织审查施工单位包括分包单位的安全生产许可资格。

（9）组织审批施工单位编写的施工组织设计、（专项）施工方案，组织审批施工单位提出的安全技术措施及工程施工安全生产应急预案。

（10）组织核查建筑起重机械和自升式架设设施的安全许可验收手续。

（11）配合安全事故调查和处理。

（12）签发工程暂停令和复工令，必要时向有关主管部门报告。

（13）审核并签发有关安全管理的《监理通知单》和安全管理专题报告。

（14）签署有关安全防护、文明施工措施费用支付的审批表格。

2. **专业监理工程师安全生产管理的监理职责**

（1）编写安全生产管理的实施细则。

1）工程开工前，监理安全管理人员应依据监理规划的要求编制安全生产管理的监理实施细则，报总监理工程师审批。

2）监理实施细则应明确监理方法、措施和工作要点，以及对施工单位安全技术措施的检查方案。监理实施细则应包括以下内容：

① 工程概况、范围、依据、目标。

② 项目监理机构的安全管理体系、各级岗位职责。

③ 监理人员安全守则、监理工作程序及要求。

④ 施工各阶段监理主要工作。

⑤ 工作制度。

⑥ 重大危险源的安全巡视方案。

⑦ 其他有关内容。

3）在监理工作实施过程中，应根据实际情况对实施细则进行补充、修改，经总监理工程师批准后实施。

（2）审查施工组织设计中相关专业的安全技术措施、危险性较大工程的专项施工方案和应急预案。

（3）负责本专业专项施工方案实施情况的定期巡视检查，发现事故隐患及时要求整改，情况严重的应及时报告总监理工程师签发工程暂停令。

（4）参加安全生产专题会议。

（5）参与建设单位组织的与本专业有关的施工安全检查活动。

（6）协助总监理工程师处理和调查安全事故。

3. 监理员的安全生产管理的监理职责

（1）根据项目管理机构岗位职责安排，参与相关的安全生产管理的监理工作。

（2）巡视检查施工现场安全生产状况，参与专项施工方案实施情况的定期巡视检查，发现问题及时报告专业监理工程师或监理安全管理人员。

（3）填写巡视检查记录。

4. 监理安全管理人员应履行下列安全生产管理的监理职责

（1）与建设单位、施工单位的安全管理人员对接，负责日常安全生产管理的监理工作。

（2）组织编写安全生产管理的监理实施细则。

（3）审查施工单位安全生产管理的组织机构以及现场安全规章制度的建立及专职安全生产管理人员配备情况。

（4）审查施工单位包括分包单位的营业执照、资质证书、安全生产许可证，以及施工单位项目经理、专职安全生产管理人员和特种作业人员的资格。

（5）参与审查施工单位编写的施工组织设计和专项施工方案，以及安全技术措施和工程施工安全生产应急预案。

（6）核查施工机械和设施安装、拆卸和安全许可验收手续，审查《施工现场起重机械拆装报审表》和《施工现场起重机械验收核查表》，并检查维护保养记录。

（7）对施工现场进行安全巡视检查，发现问题要督促施工单位整改，重大问题应及时向总监理工程师报告，按时填写安全日志。

（8）参加安全生产专题会议。

（9）参加建设单位组织的安全专项检查。

（10）协助总监理工程师处理和调查安全事故。

（11）起草并经总监理工程师授权签发有关安全管理的《监理通知单》。

（12）编写监理月报中的安全管理工作内容。

二、项目监理机构安全生产管理的监理工作方法

项目监理机构应按照法律、法规和工程建设标准，对施工单位执行安全生产的法律、法规和工程建设标准及落实施工安全技术措施等情况进行监督管理，履行建设工程安全生产管理的法定职责。

实施有效的"审""查""停""报"安全生产管理的监理工作方法，可以使安全生产逐步走向规范化、程序化、科学化，使施工中的安全风险程度降低，消除了事故隐患，制止了建设行为中的冒险性、盲目性和随意性。将事故发生的概率降到最低水平，确保工程

顺利进行，从而使建筑业健康发展。

（一）项目监理机构的审查审核

施工单位现场安全规章制度文件报审资料由项目监理机构在工程开工前予以审查，由总监理工程师签认。报审表按照现行国家标准《建设工程监理规范》GB/T 50319附录表格要求填写。

1. 审查施工单位安全生产许可证

施工单位应持有建设主管部门颁发的、在有效期内的安全生产许可证。

2. 审查施工单位现场安全规章制度

具体应包含内容如下：

（1）安全生产责任制度。

（2）安全生产许可制度。

（3）安全技术措施计划管理制度。

（4）安全施工技术交底制度。

（5）安全生产检查制度。

（6）特种作业人员持证上岗制度。

（7）安全生产教育培训制度。

（8）机械设备（包括租赁设备）管理制度。

（9）专项施工方案专家论证制度。

（10）消防安全管理制度。

（11）应急救援预案管理制度。

（12）生产安全事故报告和调查处理制度。

（13）安全生产费用管理制度。

（14）工伤和意外伤害保险制度等。

3. 审查施工单位安全体系和管理人员资格

（1）工程开工前，施工单位报送安全生产管理体系和人员资格报审表。监理安全管理人员审查安全生产管理体系是否健全，项目经理、专职安全员安全生产考核合格证书的有效性，安全员配备数量是否满足本项目安全生产管理需要。审查符合要求后报总监理工程师审核确认。

（2）安全生产管理体系及相关人员资格报审表应按现行国家标准《建设工程监理规范》GB/T 50319附录表格要求填写。

4. 审查施工单位拟进场施工的特种作业人员的证书

施工单位拟进场施工的特种作业人员应持有特种作业人员上岗证。工程开工前施工单位应将特种作业人员的证书复印件加盖存放单位公章后报项目监理机构进行审查，监理安全管理员核对持证人员证件。特种作业人员证书应为建设、安全、技术监督等管理部门颁发，证书应在有效期内。监理人员在日常巡视中应抽查特种作业人员持证情况。

5. **审查施工单位的施工组织设计（安全篇）和专项安全方案**

（1）项目监理机构应审查施工单位编制的施工组织设计中的安全技术措施和危险性较大的分部分项工程的施工安全专项方案的技术措施是否符合工程建设标准要求。

（2）施工组织设计（安全篇）的审查内容

项目监理机构对施工单位报送的施工组织设计（安全篇），应审查施工组织设计中的安全生产应急预案，重点审查应急组织体系、相关人员职责、预警预防制度、应急救援措施。

1）审查是否符合工程建设标准。

2）应有明确的重大危险源清单，建立有管理层次的项目安全管理组织机构并明确责任。

3）根据项目特点，进行安全方面的资源配置。

4）建立有针对性的安全生产管理制度和职工安全教育培训制度。

5）针对项目重大危险源，制定相应的安全技术措施，对达到一定规模的危险性较大的分部（分项）工程和特殊工种的作业，应有专项安全技术措施的编制计划。

6）根据季节、气候的变化，编制相应的季节性安全施工措施。

7）建立现场安全检查制度，并对安全事故的处理作出相应的规定。

（3）安全专项施工方案的审查程序及内容

施工单位在危险性较大的分部分项工程开工前编制专项施工方案，填写报审表报项目监理机构审批，由总监理工程师签认后报建设单位。施工组织设计/（专项）施工方案报审表应按现行国家标准《建设工程监理规范》GB/T 50319附录表格要求填写。

专项施工方案应审查以下基本内容：

1）对编审程序的符合性进行审查。监理人员应审查专项施工方案的编制和审批程序是否符合相关规定，编制单位的编制、审核、审批人员是否具备相应资格，签字盖章是否齐全。

2）对方案的针对性进行审查。方案应针对工程特点以及所处环境等实际情况编制，编制内容应详细具体，切合工程实际情况，明确操作要求。

3）对方案的实质性内容进行审查。审查方案中安全技术措施是否符合工程建设标准，主要应包括工程概况、周边环境、理论计算（包括简图、详图）、施工工序、施工工艺、安全措施、劳动力组织以及使用的设备、器具与材料等内容。

4）超过一定规模的危险性较大的分部分项工程施工方案，应检查施工单位组织专家论证、审查情况，以及是否附具安全验算结果，项目监理机构应要求施工单位按已批准的专项施工方案组织施工。

6. **审查施工机械和设施安全许可**

（1）建筑起重机械和自升式架设设施进场前，项目监理机构应对施工单位报送的建筑起重机械和自升式架设设施报审表及附件资料进行审查，符合要求的由监理安全管理人员签署意见，同意进场。

（2）审查起重机械的安装（拆卸）、顶升、附着等工作是否由同一个安拆单位来完成并不得批准在夜间进行起重机械安装（拆卸）、安全检查和保养工作。

（3）起重机械安装（拆卸）前，项目监理机构应对施工单位报审资料的复印件和原件进行核查。项目监理机构应要求施工单位提交以下资料：

1）建筑起重机械备案证。

2）拆装单位资质证书、安全生产许可证。

3）拆装单位特种作业人员名单及资格证书。

4）拆装单位负责起重机械安装（拆卸）工程专职安全生产管理人员、专业技术人员名单。

5）辅助起重机械资料及其特种作业人员名单及证书。

6）起重机械安装（拆卸）工程专项施工方案。

7）起重机械安装（拆卸）工程生产安全事故应急救援预案。

8）拆装单位与使用单位签订的安装（拆卸）合同及签订的安全管理协议书。

9）进场及安装前对基础进行验收。

（4）项目监理机构对上述资料审查合格后，总监理工程师签署审查意见，并督促安装（拆卸）单位将上述资料告知工程所在地县级以上地方人民政府建设主管部门进行备案。未经建设主管部门备案的，不得进行起重机械的安装（拆卸）作业。施工起重机械和自升式架设设施报审表应按规范标准的要求填写。

（5）备案后施工单位向项目监理机构提交安装（拆卸）申请，告知项目监理机构安装（拆卸）的具体时间。未经项目监理机构批准，施工单位不得进行起重机械安装和拆卸。

（6）起重机械顶升前，施工单位应向项目监理机构提交顶升申请，告知项目监理机构顶升的具体时间。未经项目监理机构批准，施工单位不得进行起重机械顶升作业。

（7）建筑起重机械使用过程中，产权单位对建筑起重机械应定期进行检查、维修、保养，施工单位应留存月检记录并报项目监理机构备案。

（二）安全巡视、监理日志及例行检查

1. 安全巡视

监理安全管理人员负责项目监理机构日常对施工现场的安全巡视工作。监理安全管理人员在巡视检查过程中，应重点检查以下内容：

（1）施工单位专职安全生产管理人员到岗工作情况和特种作业人员持证上岗情况。

（2）施工单位是否严格按照批准的施工组织设计安全技术措施及专项施工方案施工。

（3）检查施工现场各种安全标志和安全防护措施和安全生产管理制度落实情况。

（4）施工现场存在的安全隐患及整改情况。

（5）项目监理机构签发的监理通知单、工程暂停令执行情况等。

（6）对危险性较大的分部分项工程应重点巡视。

（7）当日施工作业内容及施工机械、人员情况。

（8）巡视抽查施工升降机、吊篮使用中是否存在超员现象。

（9）建筑起重机械定期检测、维护保养、运行情况。

2. 监理（安全生产管理）日志

监理安全管理人员应每日记录监理（安全生产管理）日志，包括以下内容：

（1）施工形象进度、现场安全生产管理情况及安全巡视情况。

（2）特种作业人员持证上岗情况、施工单位安全管理人员到位及工作情况。

（3）安全隐患防范情况。

（4）当日有关安全生产方面存在的问题、下发的监理通知及整改复查情况。

（5）危险性较大的分部分项工程专项施工方案执行情况。

3. 安全生产例行检查

总监理工程师、监理安全管理人员，施工单位项目经理、专职安全员应参加由建设单位每周组织的安全生产例行检查，并形成书面检查记录，各方予以会签。

（三）监理例会、安全专题会议

1. 监理例会

在定期召开的监理例会上，应检查上次例会有关安全生产决议事项的落实情况，分析未落实事项的原因，确定下一阶段施工管理工作的内容，明确重点监控的措施和施工部位，并针对存在的问题提出意见。

2. 安全专题会议

（1）总监理工程师必要时应召开安全专题会议，由总监理工程师或安全生产管理人员主持，承包单位的项目负责人、现场技术负责人、现场安全管理人员及相关单位人员参加。

（2）监理人员应做好会议记录，及时整理会议纪要。

（3）会议纪要应要求与会各方会签，及时发至相关各方，并有签收手续。

（四）监理指令

在施工安全管理工作中，监理人员通过日常巡视及安全检查，发现违规施工和存在安全事故隐患时，应立即发出监理指令。监理指令分为口头指令、监理通知单、工程暂停令三种形式。

1. 口头指令

监理人员在日常巡视中发现施工现场的一般安全事故隐患，凡立即整改能够消除的，可向承包单位管理人员发出口头指令，监督其改正，并在监理日记中记录。

2. 监理通知单

如口头指令发出后，承包单位未能及时消除安全事故隐患，或当发现安全事故隐患后，安全管理人员认为有必要时总监理工程师或安全管理人员应及时签发有关安全的《监理通知单》，要求承包单位限期整改并限时书面回复，安全管理人员按时复查整改结果。

监理通知单应抄送建设单位。

3. 工程暂停令

当发现施工现场存在重大安全隐患时，总监理工程师应及时签发《工程暂停令》，暂停部分或全部在施工程的施工，并责令承包单位限期整改，经安全管理人员复查合格后，承包单位按照申请复工程序，经总监理工程师批准后方可复工。

（五）监理报告

项目监理机构在实施监理过程中，发现存在安全事故隐患后签发监理通知单；情况严重的，应签发《工程暂停令》，并及时报告建设单位。

项目监理机构在施工单位拒不整改或不停止施工时，应及时向有关主管部门报送监理报告。若情况紧急，项目监理机构可先通过电话、传真或电子邮件方式向政府主管部门报告，事后应将书面形式监理报告送达政府主管部门，同时抄报建设单位和监理单位。

监理报告格式应符合现行国家标准《建设工程监理规范》GB/T 50319附录表格。

（六）安全事故应急反应

安全事故发生后，总监理工程师应立即签发《工程暂停令》，责令现场停止施工，督促施工单位立即启动事故救援应急预案。采取有效措施组织抢救，防止事故扩大，减少人员伤亡和财产损失，同时要求施工单位妥善保护事故现场以及相关证据。

安全事故发生后，总监理工程师应及时将安全事故情况报告工程监理单位和建设单位，并在24小时内提交书面报告。报告包括下列主要内容：

（1）发生事故的工程概况。

（2）事故发生的时间、地点以及事故现场情况。

（3）事故的简要经过。

（4）伤亡人数和初步估计的直接经济损失。

（5）已经采取的措施。

（6）其他应报告的情况。

项目监理机构应提供事故调查所需要的相关证据，配合事故调查工作，并督促施工单位按照主管部门或事故调查组提出的事故处理意见进行整改。

三、危险性较大的分部分项工程的安全生产管理的监理工作

危险性较大的分部分项工程（简称危大工程）是指房屋建筑和市政基础设施工程在施工过程中，容易导致人员群死群伤或者造成重大经济损失的分部分项工程。随着我国经济的发展，城市化进程的加快，危险性较大的分部分项工程增多，重大安全隐患增多，重大质量安全事故的发生受到社会各界广泛关注和高度重视，安全生产事关人民福祉，事关经济社会发展大局。工程建设的参建各方都应该提高认识，筑牢防线，坚持以人为本，预防为主，千方百计提高建设工程的安全生产管理监理水平。

（一）危险性较大的分部分项工程（危大工程）安全管理的监理工作

项目监理机构应指派专人负责危险性较大的分部分项工程的安全管理工作。

监理工程师应依据专项施工方案及工程建设标准对危险性较大的分部分项工程进行检查。

专业监理工程师或安全管理人员应按照安全生产管理实施细则中明确的检查项目和频率进行安全检查；监理员每日应重点进行巡视检查，监理人员应详细记录检查过程。

监理人员对发现的安全事故隐患应及时发出监理指令并督促承包单位整改，必要时向总监理工程师报告。

（二）危险性较大的分部分项工程（危大工程）安全管理规定

1. 前期保障

（1）建设单位应当依法提供真实、准确、完整的工程地质、水文地质和工程周边环境等资料。

（2）勘察单位应当根据工程实际及工程周边环境资料，在勘察文件中说明地质条件可能造成的工程风险。设计单位应当在设计文件中注明涉及危大工程的重点部位和环节，提出保障工程周边环境安全和工程施工安全的意见，必要时进行专项设计。

（3）建设单位应当组织勘察、设计等单位在施工招标文件中列出危大工程清单，要求施工单位在投标时补充完善危大工程清单并明确相应的安全管理措施。

（4）建设单位应当按照施工合同约定及时支付危大工程施工技术措施费以及相应的安全防护文明施工措施费，保障危大工程施工安全。

（5）建设单位在申请办理安全监督手续时，应当提交危大工程清单及其安全管理措施等资料。

2. 专项施工方案

（1）施工单位应当在危大工程施工前组织工程技术人员编制专项施工方案。实行施工总承包的，专项施工方案应当由施工总承包单位组织编制。危大工程实行分包的，专项施工方案可以由相关专业分包单位组织编制。

（2）专项施工方案应当由施工单位技术负责人审核签字、加盖单位公章，并由总监理工程师审查签字、加盖执业印章后方可实施。危大工程实行分包并由分包单位编制专项施工方案的，专项施工方案应当由总承包单位技术负责人及分包单位技术负责人共同审核签字并加盖单位公章。

（3）对于超过一定规模的危大工程，施工单位应当组织召开专家论证会对专项施工方案进行论证。实行施工总承包的，由施工总承包单位组织召开专家论证会。专家论证前专项施工方案应当通过施工单位审核和总监理工程师审查。专家应当从地方人民政府住房城乡建设主管部门建立的专家库中选取，符合专业要求且人数不得少于5名。与本工程有利害关系的人员不得以专家身份参加专家论证会。

（4）专家论证会后，应当形成论证报告，对专项施工方案提出通过、修改后通过或者不通过的一致意见。专家对论证报告负责并签字确认。专项施工方案经论证需修改后通过的，施工单位应当根据论证报告修改完善后，重新履行本规定第（2）条的程序。专项施工方案经论证不通过的，施工单位修改后应当按照本规定的要求重新组织专家论证。

3. 现场安全管理

（1）施工单位应当在施工现场显著位置公告危大工程名称、施工时间和具体责任人员，并在危险区域设置安全警示标志。

（2）专项施工方案实施前，编制人员或者项目技术负责人应当向施工现场管理人员进行方案交底。施工现场管理人员应当向作业人员进行安全技术交底，并由双方和项目专职安全生产管理人员共同签字确认。

（3）施工单位应当严格按照专项施工方案组织施工，不得擅自修改专项施工方案。因规划调整、设计变更等原因确需调整的，修改后的专项施工方案应当按照本规定重新审核和论证。涉及资金或者工期调整的，建设单位应当按照约定予以调整。

（4）施工单位应当对危大工程施工作业人员进行登记，项目负责人应当在施工现场履职。项目专职安全生产管理人员应当对专项施工方案实施情况进行现场监督，对未按照专项施工方案施工的，应当要求立即整改，并及时报告项目负责人，项目负责人应当及时组织限期整改。施工单位应当按照规定对危大工程进行施工监测和安全巡视，发现危及人身安全的紧急情况，应当立即组织作业人员撤离危险区域。

（5）监理单位应当结合危大工程专项施工方案编制监理实施细则，并对危大工程施工实施专项巡视检查。

（6）监理单位发现施工单位未按照专项施工方案施工的，应当要求其进行整改；情节严重的，应当要求其暂停施工，并及时报告建设单位。施工单位拒不整改或者不停止施工的，监理单位应当及时报告建设单位和工程所在地住房城乡建设主管部门。

（7）对于按照规定需要进行第三方监测的危大工程，建设单位应当委托具有相应勘察资质的单位进行监测。监测单位应当编制监测方案。监测方案由监测单位技术负责人审核签字并加盖单位公章，报送监理单位后方可实施。监测单位应当按照监测方案开展监测，及时向建设单位报送监测成果，并对监测成果负责；发现异常时，及时向建设、设计、施工、监理单位报告，建设单位应当立即组织相关单位采取处置措施。

（8）对于按照规定需要验收的危大工程，施工单位、监理单位应当组织相关人员进行验收。验收合格的，经施工单位项目技术负责人及总监理工程师签字确认后，方可进入下一道工序。

危大工程验收合格后，施工单位应当在施工现场明显位置设置验收标识牌，公示验收时间及责任人员。

（9）危大工程发生险情或者事故时，施工单位应当立即采取应急处置措施，并报告工程所在地住房城乡建设主管部门。建设、勘察、设计、监理等单位应当配合施工单位开展应急抢险工作。

（10）危大工程应急抢险工作结束后，建设单位应当组织勘察、设计、施工、监理等单位制定工程恢复方案，并对应急抢险工作进行后评估。

（11）施工、监理单位应当建立危大工程安全管理档案。施工单位应当将专项施工方案及审核、专家论证、交底、现场检查、验收及整改等相关资料纳入档案管理。监理单位应当将监理实施细则、专项施工方案审查、专项巡视检查、验收及整改等相关资料纳入档案管理。

（三）危险性较大的分部分项工程（危大工程）的巡视工作标准和专项验收

1. 危大工程巡视

（1）巡视内容

项目监理机构应对危险性较大的分部分项工程进行重点巡视，主要包括以下内容：

1）危险性较大工程施工作业人员登记记录是否齐全。

2）施工单位应当在施工现场显著位置公告危险性较大工程名称、施工时间和具体责任人员，并在危险区域设置安全警示标志。

3）危险性较大工程验收标识牌设置情况。

4）施工单位是否按照专项施工方案组织实施。

（2）巡视问题处理

1）项目监理机构在实施监理过程中，发现工程存在安全事故隐患时，专业监理工程师签发《监理通知单》，要求施工单位整改；情况严重时，总监理工程师签发《工程暂停令》，并及时报告建设单位。施工单位接到通知单、暂停令拒不整改或不停止施工时，项目监理机构要及时向有关主管部门报送监理报告。

2）按照规定需要进行第三方监测的危大工程，监测单位要按照批准的监测方案及时向建设单位、项目监理机构报送监测成果；监测成果出现异常时，项目监理机构要求施工单位采取处置措施。

2. 专项验收

项目监理机构参加危大工程专项验收，监理人员验收以下主要内容：

（1）所使用材料、构配件、设备均已验收合格。

（2）复试检验的材料、构配件检验结果需要符合规定要求。

（3）施工单位要按照批准的施工组织设计安全技术措施和（专项）施工方案施工。

（4）施工工艺技术等符合要求。

（5）施工过程检查与隐蔽验收记录齐全有效。

（6）施工完成的实体或安全设施符合安全专项验收标准要求。

（7）验收标识牌的设置情况。

第八章 组织协调

第一节 概述 ▶▶

组织协调是指基于一定目的，运用恰当手段，对影响工作的相关因素进行的调试和磋商。组织协调的核心是使有关部门和人员和谐地进行工作，在各自岗位上，朝着一个目的共同努力。其目的在于消除内耗、化解矛盾，把各方面力量汇聚成和谐统一的合力，以求得最佳效益，实现共同目标。项目监理机构的组织协调工作是监理人员将工程项目建设中的建设单位、承包单位、勘察设计单位、监理单位、政府建设行政主管部门以及与工程建设有关的其他单位等各方力量组合起来，使各方相互配合，齐心协力，确保安全施工，实现工程项目建设预定的工期、质量、造价等目标。

工程项目建设是复杂的系统工程，与之相关的单位、部门和人员众多，各方特点、活动方式不同，在工程项目建设中的利益目标也不同，他们之间既相互联系，又相互影响和制约。作为工程项目中的各方，只有监理单位才具备最佳的组织协调能力，项目监理机构依据建设工程监理合同及有关的法律、法规赋予的权力，对项目的实施过程中对各方进行协调、监督、管理，同时，监理人员都是经过考核的专业人员，有技术、会管理、懂经济、通法律，具有较高的管理水平、管理能力，能够驾驭工程项目过程的有效运行。项目监理机构通过对项目实施过程中各种关系的协调，对产生的干扰和障碍进行排除或缓解，解决施工现场各种矛盾，处理各种争端，使整个项目的实施过程中处于一种有序状态，使各种资源得到有效合理的优化配置，最终实现预期的目标和要求，实现监理在施工现场组织协调的最终目的。

项目监理机构的监理工作人员要掌握组织协调的内容、原则、方法、程序等。总监理工程师作为项目监理机构的负责人要具备良好的职业道德，较高的综合管理水平，积极主动做好组织协调工作。

第二节 组织协调的内容和原则 ▶▶

从系统工程角度看，项目监理机构组织协调的工作内容可分为系统内部协调和系统外部协调两大类（图8-1）。系统内部协调分为监理机构内部协调和监理机构与监理单位之间的协调，系统外部协调分为系统近外层协调（与建设单位有合同关系的相关单位）和系统远外层协调（与建设单位无合同关系的相关单位）。

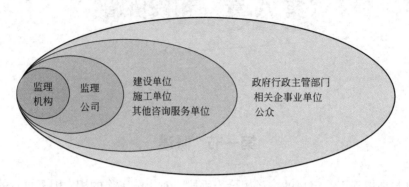

图 8-1　工程建设项目有关各方系统关系图

一、系统内部协调

1. 项目监理机构内部的协调

（1）项目监理机构内部人际关系的协调

项目监理机构是由工程监理人员组成的工作体系，工作效率在很大程度上取决于人际关系的协调程度。总监理工程师作为监理机构的核心和领导，应首先协调好人际关系，在人员安排上要量才录用，在绩效评价上要实事求是，在矛盾调解上要恰到好处，激励项目监理机构人员做好本职工作。

（2）项目监理机构内部组织关系的协调

项目监理机构是由若干部门（专业组）组成的工作体系，每个专业组都有自己的目标和任务，要在目标分解的基础上设置组织机构，明确规定每个部门的目标、职责和权限，事先约定各个部门在工作中的相互关系，及时进行信息沟通与分享。

2. 项目监理机构与工程监理单位的协调

项目监理机构是工程监理单位根据与建设单位签订的建设工程监理合同，派驻项目实施监理工作的临时性组织，按照工程监理单位管理组织架构和部门管理分工，项目监理机构接受监理单位相关部门的行政管理和业务管理。

项目监理机构应在服从工程监理单位管理的基础上，借助和发挥单位在各方面的资源优势，为项目监理工作助力。

二、系统外部协调

1. 与建设单位的协调

项目监理机构要在有关法律和职业道德的基础上与建设单位建立和保持良好的组织协调关系，促进建设工程目标的实现。为此，项目监理机构要尊重建设单位，维护其合法权益，充分理解建设单位的意图和建设工程总目标，做好建设工程监理宣传工作，增进建设单位对建设工程监理的理解。协助建设单位了解建设工程管理各方职责及监理程序，主动帮助建设单位处理工程建设中的事务性工作，以规范化、标准化、制度化的监理工作促进双方协调一致，一起做好建设工程的全过程管理。

2. 与设计单位之间的组织协调

工程监理单位与设计单位为同一个建设项目服务，两者要做好沟通协调工作，需要建设单位的支持。一是尊重设计单位的意见，在设计交底和图纸会审时，要理解和掌握设计意图、技术要求、施工难点等，将标准过高、设计遗漏、图纸差错等问题解决在施工之前；进行结构工程验收、专业工程验收、竣工验收等工作，要约请设计代表参加；发生质量事故时，要认真听取设计单位的处理意见等。二是施工中发生设计问题，应及时按工作程序通过建设单位向设计单位提出，以免造成更大的直接损失；项目监理机构掌握比原设计更先进的新技术、新工艺、新结构、新设备时，可主动通过建设单位与设计单位沟通。三是注意信息传递的及时性和程序性。监理工作联系单、工程变更单等要按规定进行传递。

3. 与施工单位之间的组织协调

监理单位与施工单位之间是监理与被监理的关系。监理单位依照有关的法令、法规及建设工程监理合同赋予的权利，监督施工单位认真履行施工合同中规定的责任和义务，促使施工合同约定的目标实现，维护其正当权益。

项目监理机构对工程质量、造价、进度目标的控制，以及履行建设工程安全生产管理的法定职责，都是通过施工单位的工作来实现的。因此，做好与施工单位的组织协调工作是项目监理机构协调工作的重要内容。一是与施工项目经理的协调，要坚持原则，公正、通情达理，指令明确而不含糊，并及时答复所询问的问题。二是要采取科学的进度和质量控制方法，设计合理的奖罚机制及组织现场协调会议等协调工程进度和质量问题。三是当施工单位发生违约行为时，项目监理机构要在其权限范围内采取恰当的方式，慎重及时采取相应的措施，做出协调处理。四是对于施工合同争议的问题，项目监理机构要根据不同情况，采取协商、调解、申请仲裁、诉讼或搁置等处理方式来协调建设单位和施工单位的关系。五是项目监理机构要对分包单位合同中的工程质量、进度进行跟踪监控，但要通过总承包单位对分包单位进行调控、纠偏。分包单位在施工中发生的问题、合同履行中发生的索赔问题，由总承包单位负责协调处理。涉及总包合同中建设单位的责任和义务时，由总承包单位通过项目监理机构向建设单位提出索赔，由项目监理机构进行协调。

4. 与有关政府主管部门及公共事业管理部门之间的组织协调

有关政府主管部门包括住建、规划、卫生防疫、城管执法、公安、水务、林业等部门。公共事业管理部门包括供电、给水排水、供热、电信等部门。与政府部门的协调包括：与质量监督机构的交流和协调、建设工程合同的备案、协助建设单位在征地、拆迁等方面的工作取得政府有关部门的支持，现场消防设施的配置得到消防部门检查认可，现场环境污染防治得到环保部门认可等事项。以上工作主要是建设单位、施工单位联系与协调，项目监理机构可给予必要的协助。

需要特别指出的是，工程质量与安全监督部门作为政府的机构，对工程质量和安全施工进行宏观控制，并对项目监理机构的工作进行监督与指导。项目监理机构应在总监理工程师的领导下，认真执行工程质量与安全监督部门发布的各项管理规定；及时、如实地向工程质量与安全监督部门反映情况，接受其指导。

5. 与社会团体、新闻媒介等的协调

参建各方均应把握机会，积极有序地宣传项目建设情况，争取社会各界对建设工程的关心和支持。建设单位在其中应起主导作用，其他各单位配合参与。

如果建设单位确需将部分或全部远外层关系协调工作委托工程监理单位承担，则应在建设工程合同中明确委托的工作和相应报酬。

三、组织协调的原则

1. 全局性原则

一切从全局出发，维护项目整体利益，这是项目监理机构做好组织协调工作的核心。不能单纯为局部利益或者个别小团体的去协调，更不能为个人私利去协调。特别是在处理问题沟通协调各方时必须客观公正，不能掺杂个人感情成分。

2. 求实性原则

坚持实事求是，尊重客观事实探求事物的内部联系，把握事物的内在本质，对症下药，不能感情用事，凭经验办事。

3. 平等性原则

平等待人，不以权势压人。项目参建各方无论是建设单位还是监理、施工单位，都是建立在合约关系上的平等主体，处理问题解决矛盾应该建立在平等和相互尊重的基础上，以权以势压人，不能从根本上化解决矛盾。

4. 及时性原则

讲求时效，及时发现和解决单位之间、部门之间、人员之间的矛盾和问题。统一思想，统一步调，减少工作中的内耗，出现问题要及时解决，防止矛盾激化，避免问题积重难返，发生误判，影响项目整体利益。

5. 关键性原则

突出重点，抓主要矛盾，从根本上解决关键性问题。协调处理矛盾标本兼治，理顺各方关系，防止同类事件重复发生。

6. 激励性原则

积极主动，充分调动各方面的积极性，进行优势互补，同心协力抓好工作落实。协调时应充分照顾到各方的利益关切，在努力推动达成协调目标的过程中让矛盾各方认识到问题解决后给各方带来的好处，从而调动各方的积极性，主动协助配合协调者解决问题。

第三节 组织协调的方式与程序 ▶▶

一、组织协调的方式

组织协调的方式有很多种，根据实际情况，选择一种或者几种恰当有效的方式，为完成组织协调的目标服务。以下是常用的几种方式。

1. **会议协调**

会议协调法是建设工程监理中最常用的一种协调方法，包括第一次工地会议、监理例会、专题会议等。

（1）第一次工地会议

第一次工地会议是建设工程尚未全面展开、总监理工程师下达开工令前，建设单位、工程监理单位和施工单位对各自人员及分工、开工准备、监理例会的要求等情况进行沟通和协调的会议，也是检查开工前各项准备工作是否就绪并明确监理程序的会议。第一次工地会议应由建设单位主持，监理单位、总承包单位授权代表参加，也可邀请分包单位代表参加，必要时可邀请有关设计单位人员参加。第一次工地会议上，总监理工程师应介绍监理工作的目标、范围和内容、项目监理机构及人员职责分工、监理工作程序、方法和措施等。

（2）监理例会

监理例会是项目监理机构定期组织有关单位研究解决与监理相关问题的会议。监理例会应由总监理工程师或其授权的专业监理工程师主持召开，宜每周召开一次。参加人员包括：项目总监理工程师或总监理工程师代表、其他有关监理人员、施工项目经理、施工单位其他有关人员。需要时，也可邀请其他有关单位代表参加。

监理例会主要内容应包括：

1）检查上次例会议定事项的落实情况，分析未完事项原因。

2）检查分析工程进度计划完成情况，提出下一阶段进度目标及其落实措施。

3）检查分析工程质量、施工安全管理状况，针对存在的问题提出改进措施。

4）检查工程量核定及工程款支付情况。

5）解决需要协调的有关事项。

6）其他有关事宜。

（3）专题会议

专题会议是由总监理工程师或其授权的专业监理工程师主持或参加的，为解决工程监理过程中的工程专项问题而不定期召开的会议，如工程质量安全、施工技术、工程验收会议等。

2. **交谈协调**

在建设工程监理实践中，并不是所有问题都需要开会来解决，有时可采用"交谈"的方法进行协调。交谈包括面对面交谈或电话、微信等形式交谈。

无论是内部协调还是外部协调，交谈协调法的使用频率是相当高的。由于交谈本身没有合同效力，而且具有方便、及时等特性，因此，工程参建各方之间及项目监理机构内部都愿意采用这一方法进行协调。此外，相对于书面寻求协作而言，人们更难于拒绝面对面的请求。因此，采用交谈方式请求协作和帮助比采用书面方法实现的可能性要大。

3. 书面协调

当会议、交谈不方便或不需要时，或者需要精确地表达自己的意见时，可以采用书面协调方法。书面协调法的特点是具有合同效力，一般常用于以下几方面：

（1）不需双方直接交流的书面报告、报表、指令和通知等。

（2）需要以书面形式向各方提供详细信息和情况通报的报告、信函和备忘录等，包括监理月报、监理会议纪要、简报等形式。

（3）事后对会议记录、交谈内容或口头指令的书面确认。

4. 活动协调

总监理工程师邀请建设单位负责人，驻工地授权代表，参加施工现场的工程质量、安全防护、环保卫生等检查活动掌握施工现场的第一手资料，还可参加项目监理机构组织的总结会、评比会以及监理单位的其他相关活动，使他们对监理人员和监理工作有更深入了解和认识，增进感情，加深理解，促进工程建设的良性发展。

二、沟通协调应注意的问题

组织协调的对象是单个的人或者由人组成的部门或者团体，针对不同的对象采用恰当、有效的协调方法，是最终达成目标的重要一环。

1. 讲究语言艺术

语言是协调的重要媒介和基本载体，组织协调工作能否顺利进行，除了加强语言修养外，在应用中还要注意三点：一是要区别对象。要根据对象的地位、职业、经历、文化素养和性格特点等，采取不同的表达方式。如果不论对方是谁，都用一种沟通方式一套说辞，就很难达成协调目标。二是要注意态度。协调工作中慎用指令性语言，多采用商量的口气，即使是传达上级的指示、转达领导交办的事项，也不要口气生硬，避免令人产生反感，产生负面效果。三是要把握分寸。语言基调应多采用征询的口气，要多用"建议""是不是""可否"等带有征询色彩的语言，但是对于原则性较强的问题，则应用词肯定，不能令对方误解有违反原则的可能。特别是，与施工单位的沟通不仅方法、技术问题，更多是语言艺术、感情交流和用权适度等问题。

2. 态度灵活多变

一是因人而异。对于不同的协调对象，对待长者要尊敬，对年轻人要和蔼，对熟悉的人可以轻松一些，对不熟悉的人要正规、谨慎一些，对工作积极上进的人要充分信任不能层层加码，对工作拖拉懒散的人要时常提醒加强督促。总之应根据不同人的不同特点，有针对性的进行沟通协调。

二是因事而异。对于不同的事情要采取不同的协调方式。对于大家普遍关心的问题要公开处理,影响有多大就在多大范围处理。对于不宜公开的事情,如涉及个人隐私等,要采取个别协调的方式,范围越小效果可能越好。对于涉及多个单位或部门的具体问题,则采取会议协调现场办公的方式比较好。

三、组织协调的一般程序

建设工程项目是需要多方合作才能完成的任务。组织协调工作一般按照以下的程序进行(图8-2)。

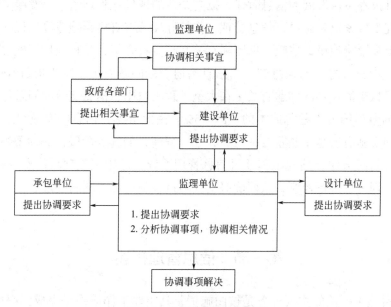

图 8-2　组织协调的一般程序

1. 提出协调要求

把工作中发现或者他人发现的问题,进行分析,提出协调要求。

2. 确定方案

分析协调事项,协调相关情况,落实协调事项中的核心矛盾点,去伪存真,明确真正需要解决的问题所在。针对问题统筹考虑各方的利益诉求,从维护项目全局或整体利益的角度出发,初步制定问题解决方案。

根据实际情况,选择一种或者几种恰当有效的方式,与利益相关方协调关系,认真听取各方意见,及时适当调整问题解决方案,既维护整体利益,又尽力兼顾各方利益,最终确定方案。

3. 督促落实

根据各方达成一致的问题解决方案,督促有关方积极落实实施。

问题解决后向利益相关各方通报问题处理情况,并将协调工作过程中的有关证据、资料整理归档。

第 九 章　信息管理

在计算机技术飞速发展的信息时代，提高企业的现代化管理水平，发展施工工程现代化的信息管理十分紧迫和必要，信息管理工作的好坏，将直接影响建设工程项目管理工作的成效，甚至会影响建设的成败。据国际有关文献资料介绍，工程项目实施过程中存在的诸多问题，其中三分之二与信息交流（信息沟通）的问题有关；工程项目10%～33%的费用增加与信息交流存在的问题有关；在大型工程项目中，信息交流的问题导致工程变更和工程实施的错误约占工程总成本的3%～5%。由此可见，信息的有效组织与管理对工程项目的顺利实施有着越来越重要的意义，在工程建设的施工阶段，必须重视信息管理工作，掌握信息管理方法，建立工程项目信息管理系统，运用工程项目信息过程控制程序，对项目信息管理过程进行控制，从而确保工程项目各项目标的圆满实现。

第一节　信息管理概述 ▶▶

工程项目施工阶段的主要任务是按图施工，其主要工作成果是完成工程项目的实体，但施工阶段的物质生产过程始终伴随着信息的产生、处理等过程，它一方面需要施工之前的信息过程产生的信息，另一方面又不断地产生新的信息。工程项目实施过程，不仅是物质生产过程，而且还是信息的生产、处理、传递和应用过程。作为参建工程的监理从业人员，要掌握信息、信息管理的内容。

一、信息

1. 信息的含义

信息指的是用口头的方式、书面的方式或电子的方式传输（传达、传递）的知识、新闻，或可靠的或不可靠的情报。声音、文字、数字和图像等都是信息表达的形式。信息是根据要求，将数据进行加工处理转换的结果，同一组数据可以按管理层次和职能不同，将其加工成不同形式的信息；不同数据如采用不同的处理方式，也可得到相同的信息。在管理科学领域中，信息通常被认为是一种已被加工或处理成特定形式的数据。数据转化为信息的方式示意，如图9-1所示。信息的接受者将依据信息对当前或将来的行为做出决策。

图 9-1 数据转化为信息的方式示意图

建设工程项目信息是指反映和控制工程项目管理活动的信息，包括各种报表、数字、文字和图像等。建设工程项目的实施需要人力资源和物质资源，应认识到信息也是项目实施的重要资源之一。

2. 建设工程项目信息的类别

（1）建设工程项目信息按照稳定性、兼容性、可扩展性、逻辑性、综合实用性的分类原则和采用线分类法和面分类法进行分类。

（2）建设工程项目信息可以按照不同标准从多个角度进行分类：

a.按照建设工程项目目标分：投资控制信息、质量控制信息、进度控制信息、合同管理信息。

b.按照建设工程项目信息来源分：项目内部信息、项目外部信息。

c.按照建设工程项目信息稳定程度分：固定信息、流动信息。

d.按照建设工程项目信息层次分：战略性信息、管理型信息、业务性信息。

e.按照建设工程项目信息性质分：组织类信息、管理类信息、经济类信息、技术类信息。

建设工程项目信息包括在项目决策过程、实施过程（设计准备、设计、施工和物资采购过程等）和运行过程中产生的信息以及其他与项目建设有关的信息，根据工程建设各阶段项目管理的工作内容又可按照建设工程项目信息性质分：组织类信息、管理类信息、经济类信息、技术类信息和法规类信息。

其中组织类信息包含所有项目建设参与单位、项目分解及编码信息、管理组织信息等。管理类信息包含项目投资管理、进度管理、合同管理、质量管理、风险管理和安全管理等各方面信息。经济类信息包括资金使用计划，工程款支付，材料、设备和人工市场价格等信息。技术类信息包括国家或地区的技术规范标准、项目设计图纸、施工技术方案和材料设备技术指标等信息。法规类信息包括国家或地方的建设程序法规要求等。

工程项目信息分类有很多方法，可按照信息产生的阶段、信息的管理层次和适用对象、信息的稳定程度（相对固定和变动信息）等进行划分。进行工程项目信息分类标准化的研究和实践对整个建筑行业的发展有重要的理论和实践意义。

按照一定的标准，将建设工程项目信息予以分类，对监理工作有着重要意义。因为不同的监理范畴，需要不同的信息，而把信息予以分类，有助于根据监理工作的不同要求，提供适当的信息。

二、信息管理

1. 信息管理的含义

信息管理是对信息的收集、加工、整理、存储、传递与应用等一系列工作的总称。信息管理的目的就是通过信息传输的有效组织管理和控制，使决策者能及时、准确地获得相应的信息，进而更好地指导工程建设，更好地控制工程投资、进度、质量、安全，为工程项目建设提供增值服务。建设工程项目的信息管理应通过采用先进的方法和工具，为以后项目实施提供历史参考数据，可用于预测未来的情况，为决策者制定未来目标和行动规划提供必要的信息。如通过对以往投资执行情况的分析，对未来可能发生的投资进行预测，作为采取事前控制措施的依据。

信息管理要把握信息管理的各个环节，并做到了解和掌握信息来源，对信息进行分类；掌握和正确运用信息管理的手段（如计算机）；掌握信息流程的不同环节，建立信息管理系统。

2. 信息管理的工作原则

建设工程项目产生的信息数量巨大，种类繁多。为便于信息的搜集、处理、储存、传递和利用，工程项目信息管理应遵从标准化、有效性、定量化、时效性、高效处理、可预见等原则。

3. 项目监理机构信息管理基本要求

根据国家现行《建设工程文件归档规范》GB/T 50328、《建设工程监理规范》GB/T 50319和国家有关规定要求、项目监理机构日常信息管理工作的基本要求如下：

（1）监理文件资料应编目合理、归档有序、整理及时、存取方便、利于检索。

（2）资料应统一存放在同种规格的档案盒中，档案盒的盒脊应标识文件类别和文件名称。档案盒中应有卷内目录，文件应按顺序进行存放，不得混放。

（3）监理文件资料应保存在固定地点，环境适宜，防止损坏和丢失。

（4）对于监理文件资料的归档、传阅、收发等工作，应由总监理工程师指定专门的信息资料管理人员负责，并及时动态跟踪和记录文件流转情况；监理文件资料借阅必须通过信息资料管理人员履行手续。

（5）收集归档的监理文件资料应为原件，若为复印件，应加盖报送单位印章，并由经手人签字，注明收文日期和原件存放处。

（6）监理文件资料的审核、审批、签认不应代审、代签及越级签认，不应随意修改、伪造或故意撤换。监理文件资料编制、填写的文字、图表、印章应内容翔实。

（7）监理文件资料应与工程进度同步，项目监理机构人员都应全面进行收集、整理，并及时将审签完成的最终文件交信息资料管理人员存档，防止资料遗失和损毁。

（8）项目监理机构应及时整理、分类汇总监理文件资料，并应按规定组卷，形成监理档案。

第二节 建设工程项目信息管理 ▶▶

一、工程项目信息的收集

在建设工程的不同进展阶段，会产生大量的信息。工程监理单位的介入阶段不同，决定了信息收集的内容不同。

在决策阶段收集项目相关的市场、资源、自然环境、社会环境等信息。

在设计阶段收集可行性研究报告及前期相关文件资料，同类工程相关资料，拟建工程所在地信息、勘察、测量、设计单位，政府部门相关规定、设计质量保证体系及进度计划等。

在施工招标阶段收集立项审批文件，工程地质、水文地质勘察报告，工程设计及概算文件，施工图设计审批文件，工程所在地工程建设标准及招标投标相关规定、工程材料、构配件、设备、劳动力市场价格及变化规律等。

在建设工程施工阶段，项目监理机构收集以下信息：

（1）施工现场的地质、水文、测量、气象等数据；地上、地下管线，地下洞室，地上既有建筑物、构筑物及树木、道路，建筑红线，水、电、气管道的引入标志；地质勘察报告、地形测量图及标桩等环境信息。

（2）施工机构组成及进场人员资格；施工现场质量及安全生产保证体系；施工组织设计及（专项）施工方案、施工进度计划；分包单位资格等信息。

（3）进场设备的规格型号、保修记录；工程材料、构配件、设备的进场、保管、使用等信息。

（4）施工项目管理机构管理程序；施工单位内部工程质量、成本、进度控制及安全生产管理的措施及实施效果；工序交接制度；事故处理程序；应急预案等信息。

（5）施工中需要执行的国家、行业或地方工程建设标准；施工合同履行情况。

（6）施工过程中发生的工程数据，如：地基验槽及处理记录；工序交接检查记录；隐蔽工程检查验收记录；分部分项工程检查验收记录等。

（7）工程材料、构配件、设备质量证明资料及现场测试报告。

（8）设备安装试运行及测试信息，如：电气接地电阻、绝缘电阻测试，管道通水、通气、通风试验，电梯施工试验，消防报警、自动喷淋系统联动试验等信息。

（9）工程索赔相关信息，如：索赔处理程序、索赔处理依据、索赔证据等。

二、建设工程项目信息的加工整理和存储

建设工程项目的信息管理除应注意各种原始资料的收集外，更重要的是要对收集来的资料进行加工整理，并对工程决策和实施过程中出现的各种问题进行处理。按照工程信息加工整理的深浅可分为如下几个类别：第一类是对资料和数据进行简单整理；第二类是对信息进行分析，概括综合后产生辅助工程项目管理决策的信息；第三类是通过应用数学模型统计推断可以产生决策的信息。

在项目建设过程中，依据当时收集到的信息所做的决策或决定有如下几个方面：

（1）依据进度控制信息，对施工进度状况的意见和指示

每月、每季度应对工程进度进行分析对比并做出综合评价，包括当月工程项目各方面实际完成量，实际完成数量与合同规定的计划数量之间的比较。如果某一部分拖后，应分

析其原因、存在的主要困难和问题，提出解决的意见。

（2）依据质量控制信息，对工程质量控制情况的意见和指示

工程项目信息管理应当系统地报告当前工程施工中的各种质量情况，包括现场检查中发现的各种问题，施工中出现的重大事故，对各种问题、事故的处理等情况。这些信息除了在工程月报、季报中进行阶段性的归纳和评价外，必要时还应有专门的质量情况报告。

（3）依据投资控制信息，对工程结算和决算情况的意见和指示

工程价款结算一般按月进行，要对投资完成情况进行统计、分析，在统计分析的基础上做出一些短期预测。

（4）依据合同管理信息，对索赔的处理意见

在工程施工中，由于建设单位的原因或客观条件使承建单位遭受损失，承建单位提出索赔要求；或由于承建单位违约使工程遭受损失，建设单位提出索赔要求。

信息的存储是将信息保留起来以备将来应用，对有价值的原始资料、数据及经过加工整理的信息，要长期积累以备查阅。存储信息需要建立统一数据库。需要根据建设工程实际，规范地组织数据文件。

按照工程进行组织，同一工程按照质量、造价、进度、合同等类别组织，各类信息再进一步根据具体情况进行细化。

工程参建各方要协调统一数据存储方式，数据文件名要规范化，要建立统一的编码体系。

尽可能以网络数据库形式存储数据，减少数据冗余，保证数据的唯一性，并实现数据共享。

各分管专业监理工程师负责信息的收集、存储、发布与处理；项目监理机构安排专职人员负责信息管理。

三、工程项目信息的分发和检索

加工整理后的信息要及时提供给需要使用信息的部门和人员，信息的分发要根据需要来进行，信息的检索需要建立在一定的分级管理制度上。信息分发和检索的基本原则是：需要信息的部门和人员，有权在需要的第一时间，方便地得到所需要的信息。

1. 信息分发

设计信息分发制度时需要考虑：

（1）了解信息使用部门和人员的使用目的、使用周期、使用频率、获得时间及信息的安全要求。

（2）决定信息分发的内容、数量、范围、数据来源。

（3）决定分发信息的数据结构、类型、精度和格式。

（4）决定提供信息的介质。

2. 信息检索

设计信息检索时需要考虑：

（1）允许检索的范围，检索的密级划分，密码管理等。

（2）检索的信息能否及时、快速地提供，以及实现的手段。

（3）所检索信息的输出形式，能否根据关键词实现智能检索等。

四、工程项目信息分类和编码体系

1. 工程项目信息分类和编码的含义

一个工程项目有不同类型和不同用途的信息，为了有组织地存储信息、方便信息的检索和信息的加工整理，必须对工程项目的信息进行编码。

所谓的信息分类就是把具有相同属性（特征）的信息归并在一起，把不具有这种共同属性（特征）的信息区别开来的过程。信息分类的产物是各式各样的分类或分类表，并建立起一定的分类系统和排列顺序，以便管理和使用信息。

编码由一系列符号（如文字）和数字组成，编码是信息处理的一项重要的基础工作。工程项目信息的分类、编码和控制是进行计算机辅助工程项目信息管理的基础和前提，也是不同工程项目参与方之间、不同组织之间消除界面障碍，保持信息交流和传递流畅、准确和有效的保证。

工程项目信息分类和编码体系的统一体现在两个方面：第一，不同项目参与方（如建设单位、设计单位、监理单位、施工单位）的信息分类和编码体系统一，即横向统一；第二，项目在整个实施周期（包括设计、招标投标、施工、动用准备等）各阶段的划分体系统一，即纵向统一。横向统一有利于不同项目参与者之间的信息传递和信息共享，纵向统一有利于项目实施周期信息管理工作的一致性和项目实施情况的跟踪与比较。

2. 工程项目信息分类

项目监理机构可根据管理的需求确定其信息管理的分类，但为了信息交流的方便和实现部分信息共享，项目参与各方应尽可能统一分类的规定，如项目的分解结构应统一。在进行项目信息分类时，项目监理机构可以从不同的角度对工程项目的信息进行分类：

（1）按工程项目管理工作的对象，即按项目的分解结构，如按子项目1、子项目2等进行信息分类。

（2）按工程项目实施的工作过程，如按施工准备和施工过程、竣工验收等进行信息分类。

（3）按工程项目管理工作的任务，如按投资控制、进度控制、质量控制等进行信息分类。

（4）按信息的内容属性，如按组织类信息、管理类信息、经济类信息、技术类信息和法规类信息等进行信息分类。

3. 工程项目信息编码的内容和方法

工程项目信息编码是信息管理最基本的工作内容，主要内容和方法如下：

（1）工程项目的结构编码依据项目结构图，对项目结构每一层的每一个组成部分进行编码。

（2）组织结构编码依据项目监理机构组织结构图，对每一个工作部门进行编码。

（3）工程项目的各参与单位包括政府主管部门、业主方的上级单位或部门、金融机构、工程咨询单位、设计单位、施工单位、物资供应单位和物业管理单位等，需要对以上单位进行编码。

（4）在进行工程项目信息分类和编码时，工程项目实施的工作项编码应覆盖工作任务的全部内容，它一般包括设计阶段的工作项、招标投标工作项、施工和设备安装工作项和项目动用前准备工作项等。

（5）工程项目的投资项编码应综合考虑概算、预算、合同价和工程款的支付等因素，建立统一的编码，以服务于项目投资目标的动态控制。

（6）工程项目的进度项编码应综合考虑不同层次、不同深度和不同用途的进度计划工作项的需要，建立统一的编码，服务于工程项目进度目标的动态控制。

（7）工程项目进展报告和各类报表编码应包括工作过程中形成的各种报告和报表的编码。

（8）合同编码应参考项目合同结构和合同分类，应反映合同的类型、相应的项目结构和合同签订的时间等特征。

（9）函件编码应反映发函者、收函者、函件内容所涉及的分类和时间等，以方便函件的查询和整理。

（10）工程档案的编码应根据有关工程档案的规定、工程项目的特点和建设项目实施单位的需求而建立。

五、项目监理机构的信息管理

（一）监理工作中的信息流程

为了保证监理工作的顺利进行，必须使监理信息在工程项目建设管理的上下级之间、参建单位之间、与外部环境之间流动，这称为"信息流"。应该指出的是，信息流不是信息，而是信息流通的渠道，一般建立五种类型的"信息流"。

1. 自上而下的信息流，由主管单位、主管部门、业主以及总监开始，流向项目管理工程师、监理员的信息，主要包括监理目标、工作条例、命令、办法及规定、业务指导意见等。

2. 自下而上的信息流：由下级向上级流动的信息，主要包括项目实施和有关目标的完成量、进度、成本、质量、安全、消耗、效率、监理人员的工作情况等。

3. 横向间的信息流：同一层次的工作部门或工作人员之间相互提供和接受的信息，包括相互协作，互通有无或相互补充，以及在特殊紧急情况下，为了节省信息流动时间而需要横向提供的信息。

4. 以信息管理人员为集散中心的信息流：信息管理人员是汇总信息分析信息，分散信息的专职人员，帮助工作部门进行规范，任务检查，对有关的专业、技术问题进行咨询。

5. 工程项目内部与外部环境之间的信息流：项目监理机构（公司）与业主、承建商、设计单位、质量监督部门、国家有关管理部门和业务部门，都不同程度地需要信息交流，既要满足自身监理的需要，又要满足与环境的协作要求。

（二）监理信息资料管理

建设工程项目建设的过程中，信息、资料的内容和数量非常多，为方便随时调取有关信息，项目监理机构必须及时、准确、适用、经济处理好所收集到的信息、资料。在信息资料管理中要做好以下重点工作：

1. 各工程项目监理资料应按照现行《建设工程文件归档规范》（2019版）GB/T 50328的要求收集、装订、编目、立卷、归档，并应做到"及时整理、真实完整、分类有序"。

2. 监理资料的管理应由项目总监理工程师负责，并由总监理工程师指定的专人进行监理资料的日常管理及归档工作。监理资料的收集、整理可按资料类别建立相应的登记管理台账。

3. 专业监理工程师应根据要求认真审核资料，不得接收签字、盖章不全或经涂改的报验、报审资料。审核整理后应及时交资料管理人员整理、存收。

4. 在工程监理过程中，监理资料应按单位工程立卷，分专业存放保管并编目，以便跟踪管理。

5. 监理资料的收发、供阅必须经过资料管理人员履行相应手续。

6. 监理资料应在各阶段监理工作结束后及时整理归档，除监理企业自存资料外，还应将单位工程的监理资料向建设单位移交。

7. 监理归档资料目录

（1）合同文件：监理合同、施工合同；

（2）勘察设计文件；

（3）监理规划；

（4）监理实施细则；

（5）分包单位资格报审表；

（6）设计交底与图纸会审会议纪要；

（7）施工组织设计（方案）报审表；

（8）工程开工/复工报审表及工程暂停指令；

（9）测量核验资料；

（10）工程进度计划；

（11）工程材料、构配件、设备的质量证明文件；

（12）检查试验资料；

（13）工程变更资料；

（14）隐蔽工程验收资料；

（15）工程计量单和工程支付证书；

（16）监理工程师通知单；

（17）监理工作联系单；

（18）报验申请表；

（19）会议纪要；

（20）来往函件；

（21）监理日记；

（22）监理月报；

（23）质量缺陷与事故的处理文件；

（24）分部工程、单位工程等验收资料；

（25）索赔文件资料；

（26）竣工结算审核意见书；

（27）工程项目施工阶段质量评估报告等专题报告；

（28）监理工作总结。

第三节 信息技术应用 ▶▶

一、BIM定义

在我国已颁布的《建筑信息模型应用统一标准》GB/T 51212—2016和《建筑信息模型施工应用标准》GB/T 51235—2017中，将BIM（Building Information Modeling）定义为建筑信息模型，在建设工程及设施全生命期内，对其物理和功能特性进行数字化表达，并依此设计、施工、运营的过程和结果的总称。

BIM是一个具有协作和执行能力的信息平台，可在项目的不同阶段包括规划、设计、施工、运行、维护的提取、更新、修改和准确交换（图9-2），可以有效地帮助项目参与

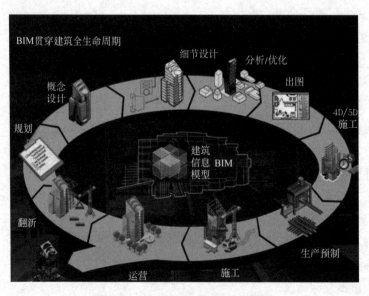

图9-2　BIM在项目不同阶段的功能

者及时、正确地做出决策，提高工程项目的效率和质量。

二、BIM在监理工作应用的特点

在监理工作中，该技术的应用具有以下特点：

（一）可视化

BIM可显示工程的三维图形（图9-3），监理人可根据模型进行数据分析，以监督施工质量。

（二）模拟性

这项技术可以模拟真实的事物。在工程设计过程中，可以对建筑的各个系统进行仿真和建模，分析系统的节能特性。还可以在施工环节模拟4D施工过程（图9-4），找出施工难点，科学确定施工组织。

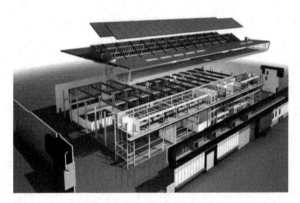 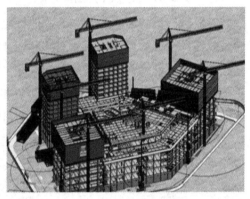

图9-3 工程三维图形　　　　　　　　　图9-4 模拟4D施工过程

（三）优化性

BIM技术能很好地提高信息量，将复杂问题简单化，同时能节省时间。尤其是现代建筑的复杂程度大多超过参与人员本身的能力极限，所以需要借助BIM技术解决（图9-5）。

（四）协调性

BIM建筑信息模型可在建筑物建造前期对各专业的碰撞问题进行协调，并生成报告，帮助设计师进行修改，可以在施工前就很好地解决。同时BIM技术还能做到防火分区、电梯井布置等的协调（图9-6）。

（五）出图性

BIM技术除了可以提供设计院常见的建筑设计图纸及构件加工图纸，同时还可以通过在可视化、协调、模拟、优化过程中帮助业主提供综合管线图、综合结构留洞图、碰撞检查报告和改进等。

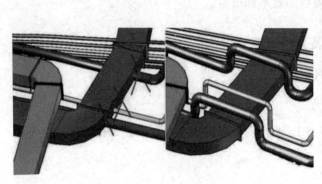 

图 9-5　设计优化　　　　　　　　　　　　　图 9-6　管线综合协调

三、BIM在监理行业的应用

（一）BIM对监理行业的影响

对监理人员的影响。首先，监理行业员工应了解BIM技术，了解BIM在项目建设过程中可以做什么，如何根据招标文件对BIM工作的要求制定有针对性的工作措施。其次，监理从业人员应熟悉常用的BIM工具软件，能够熟练操作相关软件，提取、插入和更新模型上的信息，并将监理工作结果反映到BIM模型中。最后，能够在项目设计、施工和竣工的不同阶段审查项目相关BIM模型的深度和质量。

对监理工作制度的影响。随着BIM技术的应用，监理工作体系也应进行调整和修改，以指导BIM技术在工程监理中的应用。监理企业需要根据BIM技术的特点和要求，重新制定公司的监理制度，真正发挥BIM技术的优势，指导工程项目施工过程中的监理工作。目前工程监理行业的工作方式包括现场记录、发文、现场监理、平行检测、会议协调等，BIM技术的虚拟施工和有效配合的特点将大大提高监理协调的效率。监理人员可以将项目信息反馈到BIM模型中，以指导施工，减少施工中出现质量问题的可能性。

对监理业务的影响。监理行业作为建设项目的咨询服务行业，在项目建设过程中，随着新技术的出现和发展，其技术水平将不断提高。BIM技术是一种新型的建筑工程技术。其推广应用将使业主在监理招标项目中对BIM技术的要求增加。这使得监理企业在投标过程中说明其BIM技术水平和能力。监理企业的BIM技术水平一旦达不到业主要求，必然导致自身投标失败，直接影响自身业务的发展和企业的发展。监管市场竞争异常激烈，如果不能跟上BIM技术的发展，它将逐渐被市场淘汰。

监理企业重视BIM技术，这就要求企业管理者重视BIM技术，在人员培训和人员待遇方面重视BIM技术。监理人还应根据BIM技术的要求增加相关部门，培养监理从业人员对新技术的积极性，使企业的BIM技术得到快速提升，使企业在BIM技术革命中立于不败之地。BIM技术对监理的影响在建筑工程施工过程中，BIM技术在施工监理中发挥着重要作用。它可以帮助监理人员控制和管理建筑工程施工质量，有效管理工程施工质量、施工进度和工程施工中的所有信息，对建筑工程之间的协调有很大的帮助。BIM技术在监理中的应用也将对监理工作产生诸多影响。

（二）BIM在工程监理工作内的具体应用

1. 有效收集和整理相关数据信息

通过BIM技术在建筑工程施工中的合理应用，可以有效地收集和存储与项目相关的数据信息，使相关管理人员能够及时获得所需的数据信息。例如，通过汇总整理建设项目施工材料的具体数量和规格，相关管理人员可以通过检索和查询这些信息，及时发现不符合要求的施工材料或机械设备，及时处理问题，确保建设项目的施工符合有关规范和标准。三维建模技术可以模拟施工现场的具体情况，在此基础上，监理人员掌握施工难点，预测可能出现的问题，制定相应的应对方案。高科技信息技术系统能够充分掌握工程建设的各种数据，从而反映工程建设进度。

2. 进度管理

在项目进度管理中，根据控制水平的不同，大致可以分为两部分：实施控制和动态控制。前者是指参照BIM进度预测模型，对施工过程进行全过程实时监控，并将实际进度与预测进度进行比较，分析偏差原因，避免造成超期的因素。如果出现进度滞后问题，应立即采取措施防止进度差进一步扩大，分析原因，从根本上解决进度滞后问题；后者是利用BIM技术，在施工过程中实时控制施工的所有细节，将进度和质量作为同等重要的指标纳入考核内容，实现施工进度与计划进度的统一。总的来说，在建设工程的进度管理中，监理人员需要密切关注项目的发展，利用BIM技术建立基于项目需求的综合三维模型，并在动态模拟演示中加强对各种施工细节的可视化管理（图9-7）。

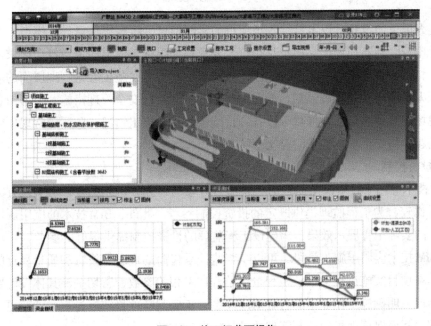

图9-7 施工细节可视化

3. 质量管理

BIM与其他信息技术结合应用，基于移动智能终端系统，可以实时调整和优化建设工程设计中的各个环节及相关影响因素等信息，从而有效保证后期施工过程的质量，BIM技术可以实时规范施工工艺、施工方案等信息，并将其质量控制在国家标准的要求之内。同时，用户可以直接使用移动实时技术获取数据模型的基本信息并实时更新，不断提高施工数据模型信息的质量、真实性和准确性，从而大大提高大型建设项目质量过程管理的工作效率。BIM技术可以合理地将碰撞检测应用到工程结构体系的设计中，分析是否存在安全隐患，预测工程建设过程中可能遇到的问题，从而制定科学有效的预警机制。利用BIM技术建立三维信息模型可以为管理者了解整个施工过程提供参考，从而发现施工环节中存在的问题并处理相关问题（图9-8）。

图9-8 日常质量管理

监理人员可通过BIM技术持续收集项目的实时信息，将现场信息导入模型，并与技术标准进行比较，判断现场产品质量是否符合要求。如果施工成果质量不符合要求或存在不规范行为，将在BIM模型中做出特殊标记。对于信息技术在施工安全管理层面的应用，可协助管理人员制定相关管理计划，如有针对性地制定项目安全管理措施。采用信息技术手段，在现场设置传感器、摄像机等设备，持续监测现场施工情况，监测异常现象后及时报告反馈问题，将安全事故置于萌芽状态。

4. 投资控制

BIM技术应用于投资决策阶段时，将项目方案与财务分析相结合，可实现方案经济指标的随时比较，为工程监理提供既定的投资控制参考。此外，BIM技术的应用还可以展示工程方案的实际工程展示效果，为建设工程监理的投资控制提供很好的参考。

将BIM技术应用于施工阶段，可以全程监控承包商的进度、投资和质量目标的实际完成情况，在项目实施过程中审核工程量，结合技术相关参数，密切关注具体设计要求，结合实际情况，明确施工作业中的各种对应关系，正确判断项目实施过程中的变更、签证及相关索赔，从而保证理想的动态管理效果，减少工作量。

BIM技术在工程竣工验收阶段的应用，可以方便地提供竣工结算数据审查数据库。这样做的好处是，在项目监理中更方便合理调用项目周期数据。有鉴于此，还可以根据相应的条件工程量差异部分快速标注项目，清晰显示工程量结算过程中突出的差异，从而提高工程核算的工作效率。此外，BIM技术、基础工程数据库和政府发布的相关收费标准也可以统一，以确保竣工结算费用的准确性（图9-9）。

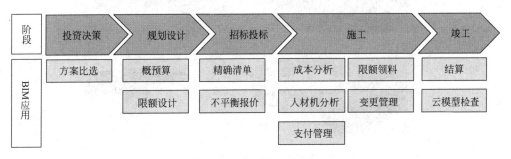

图9-9　成本精细化管理

5. 安全风险控制

基于BIM技术平台，施工过程模拟可以在计算机终端上完成施工作业的预模拟，计算各环节的安全风险概率，并指出问题的主要原因和影响因素，在不影响基本施工要求的前提下，进一步完善施工方案。在这个过程中，除了依靠计算机软件的操作外，还需要人工参与终端反馈信息的二次处理，对方案的修改做出主观判断。同时，还可根据计算结果总结出相应的高风险事故及其处理方法，形成一套具有充分预防性和实用性的安全手册，为施工人员提供安全警示意义，以便了解事故的主要原因及其控制要素，调动安全事故控制意识和处理能力，降低事故发生的概率。

借助BIM技术的施工模拟和计算机分析，进行安全识别和防护，可以制定有效的保护措施。如施工过程中的开孔位置，安全风险突出，也是安全事故发生率较高的位置。因此，在实际工程中，在洞口附近设置一定的防护措施，如截水网、防护杆等，将施工环境控制在相对安全稳定的状态，防止安全事故的发生。借助BIM技术，保护措施和保护位置的确定将更加科学可靠，并可借助相关软件生成可视化施工详图，降低施工难度。

四、BIM与其他ICT的扩展应用

（一）BIM＋VR/AR

1. VR/AR的概念

虚拟现实（Virtual Reality，简称VR），是近年来出现的高新技术，也称灵境技术或人工环境。虚拟现实是利用电脑模拟产生一个三维空间的虚拟世界，提供使用者关于视觉、听觉、触觉等感官的模拟，让使用者如同身历其境一般，可以及时、没有限制地观察三度空间内的事物。VR就是把完全虚拟的世界通过各种各样的头戴显示器（图9-10）呈现给用户，一般是全封闭的，给人一种沉浸感。

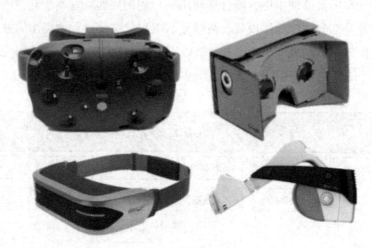

图 9-10 VR 头戴显示器

增强现实（AugmentedReality，简称AR），也被称之为混合现实。它通过电脑技术，将虚拟的信息应用到真实世界，真实的环境和虚拟的物体实时地叠加到了同一个画面或空间同时存在，如图9-11所示。

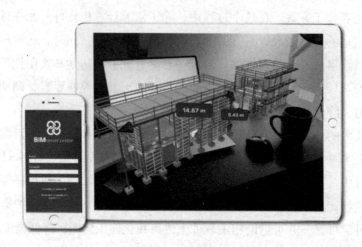

图 9-11 增强现实

2. BIM+VR应用

VR可用作培养监理与施工人员交底和培训考核。对于大型工程的复杂施工部位，在现实场景中很难进行教育培训的。将BIM模型用来搭建VR场景，设置交互流程和考核标准后，即可用来进行培训。VR培训交底的深度，取决于BIM模型的精细程度，可以做出非常逼真的操作流程，甚至复制现实场景。

随着BIM和VR的进一步融合，通用化的BIM＋VR软件，将成为监理员、材料员等与进度密切相关的管理岗位人员的生产工具。另外，远程多人同时在线的VR体验，会更加普遍和实用。在 VR 场景中实现建设单位、施工单位、设计单位以及监理单位的远程多方协同沟通。不用去到同一个地方，在 VR 场景中完成会议或施工进度方案沟通，对工作效率提升、沟通成本节约的作用是极大的。

3. BIM+AR 应用

目前施工管理阶段的 BIM+AR 应用还不是很普遍，不过其与施工现场结合的场景优势，大有超越 VR 的趋势。BIM＋AR 应用，同样可以应于工程现场管理的安全、质量、进度及组织协调领域。其沟通的对象不再是纯虚拟的 BIM 模型，而是 BIM 模型与现场环境的沟通，也不再是工程监理人员或者工人与模型的沟通，而是多方参与进来完成协调沟通。如，现场施工指导施工安装流程指导，同步技术交底培训。质量验收图纸、模型与实体结构位置校验，发现并记录质量偏差（图 9-12）。

图 9-12　BIM＋AR 在工程中的应用

（二）BIM/GIS 技术+无人机技术

1. 基本原理

GIS（Geographic Information System）技术作为重要的空间信息系统，可以集成地图视觉效果与地理信息的分析，对地理分布数据进行一系列的数字化统计管理和处理。在空间管理上已发展成熟，可以进行建设工程的统筹管控。GIS 可以描述地表、地下和大气的二维和三维效果，补充工程全线路的地质分析、淹没分析、环境分析等构筑物外部空间分析。

无人机监测技术还可以应用于项目施工管理过程中。在施工现场，无人机可以监测群塔吊装作业、监测施工进度、监测现场物料存储与供应情况、现场平面布置情况、材料运输路线的合理性。无人机还可以对封闭施工的围墙进行巡检，对高空作业的防护措施进行巡检等，充分体现了无人机多角度，灵活机动等特点。

基于 BIM 的无人机技术脱离了真实的场景，利用无人机倾斜摄影技术将实景模型与虚拟模型相互融合，可为BIM技术提供应用的场景，可展示工程建设完成后的效果，能更加直观展示工程进展情况。该方法主要是将微观设计领域的模型引入宏观领域GIS模型，实现交换和互动，充分满足算量、查询与空间分析等多项功能。在施工过程中可运用于可视化模拟，充分利用建筑信息模型对方案进行分析，提高方案的准确性，实现实施方案的可视化交底。

2. 具体应用

建筑工程勘察方面。利用无人机进行地形测绘，日益成为一项新兴且重要的测绘手段。其具有采集效率高、成本低、机动灵活等优点，能够有效减少测绘工作量并极大地缩短工期，为施工团队提供细致、准确的测绘数据，以及评估工地现场及周边情况。

规划方案评审与分析方面。利用无人机对施工现场及周边情况进行航飞拍照，生成实景三维模型，加载到建筑信息管理平台中。在平台中将原有建筑物进行踏平处理，并把设计好的BIM数据与原有场景融合，在施工现场的正射影像图上进行标注，这些标注的形式包括文字、数值、线段、多边形、颜色等，可更直观地识别工地上的不同区域的进度优先级和注意事项。

施工过程管理方面。建筑施工现场依托无人机及BIM+GIS管理平台、实时监测系统、信息系统。根据现场管理需求，计划监测时间，获取监测图像、处理无人机成果数据，通过信息存储到数据服务器，载入建筑信息管理平台然后进行查看、判断、存档记录，为现场管理人员提供管理决策建议，具体可以应用在前期准备工作、安全管理、进度管理、质量管理、文明施工及形象宣传等工作中。

参考文献

［1］中国建设教育协会. 监理员专业管理实务［M］. 北京：中国建筑工业出版社，2007.

［2］中国建设教育协会. 监理员专业管理知识［M］. 北京：中国建筑工业出版社，2007.

［3］郭佳，张安仁. 信息技术在建筑工程中的应用研究［M］. 北京：中国商务出版社，2017.

［4］中国建设监理协会. 建设工程投资控制（土木建筑工程）［M］. 北京：中国建筑工业出版社，2020.

［5］中国建设监理协会. 建设工程质量控制（土木建筑工程）［M］. 北京：中国建筑工业出版社，2020.

［6］中国建设监理协会. 建设工程合同管理［M］. 北京：中国建筑工业出版社，2020.

［7］全国造价工程师执业资格考试培训教材编审委员会. 建设工程造价管理［M］. 北京：中国计划出版社，2019.

［8］中国建设监理协会. 建设工程监理合同（示范文本）应用指南［M］. 北京：知识产权出版社，2012.

［9］韩国波，崔彩云，卫赵斌. 建设工程项目管理（第二版）［M］. 重庆：重庆大学出版社，2017.

［10］中华人民共和国标准. GB/T 50319—2013. 建设工程监理规范［S］. 北京：中国建筑工业出版社，2014.

［11］中华人民共和国标准. DB37/T 5028—2015. 建设工程监理工作规程［S］. 北京：中国建筑工业出版社，2015.

［12］中华人民共和国标准. GB 50300—2013. 建筑工程施工质量验收统一标准［S］. 北京：中国建筑工业出版社，2014.